校企合作教材

# 单片机应用技术实训教程

DANPIANJI YINGYONG JISHU SHIXUN JIAOCHENG

主　编　王晶晶
副主编　王涵平　李振静　王占奎

中国地质大学出版社
ZHONGGUO DIZHI DAXUE CHUBANSHE

**图书在版编目(CIP)数据**

单片机应用技术实训教程/王晶晶主编;王涵平,李振静,王占奎副主编.—武汉:中国地质大学出版社,2024.10. —ISBN 978-7-5625-6033-3

Ⅰ.TP368.1

中国国家版本馆 CIP 数据核字第 2024M568M3 号

| 单片机应用技术实训教程 | | 王晶晶 | 主　编 |
|---|---|---|---|
| | | 王涵平　李振静　王占奎 | 副主编 |

| 责任编辑:舒立霞 | 选题策划:杨　念 | 责任校对:徐蕾蕾 |
|---|---|---|

| 出版发行:中国地质大学出版社(武汉市洪山区鲁磨路 388 号) | 邮编:430074 |
|---|---|
| 电　　话:(027)67883511　　传　　真:(027)67883580 | E-mail:cbb@cug.edu.cn |
| 经　　销:全国新华书店 | http://cugp.cug.edu.cn |

| 开本:787mm×1092mm　1/16 | 字数:224 千字 | 印张:8.75 |
|---|---|---|
| 版次:2024 年 10 月第 1 版 | 印次:2024 年 10 月第 1 次印刷 | |
| 印刷:武汉邮科印务有限公司 | | |

ISBN 978-7-5625-6033-3　　　　　　　　　　　　　　　　　定价:36.00 元

如有印装质量问题请与印刷厂联系调换

# 前　言

近年来，单片机由于具有体积小、集成度高、功能强、性价比高等特点，被广泛应用于智能仪表、数控机床、家用电器、通信设备、工业控制等领域。目前，世界上单片机芯片的产量以每年27%的速度递增，现已突破28亿片，而我国的年需求量也将近亿片，这表明单片机的应用有着广阔的市场。

本课程是电气自动化技术专业的一门专业实践教学必修课程，是学生学习完单片机原理及接口技术专业课程后的实训课程。本课程以项目式学习方法为导向，通过综合性强、实用性强的应用案例，训练学生的基本编程能力，使学生能够在已有硬件知识的基础上，对单片机有一个系统的、全面的了解，掌握单片机的基本理论、基本知识和基本技能，从而能成功实现一个具体的项目。本实训一些案例由百科荣创（北京）科技发展有限公司提供，通过这些案例，学生可以提前了解企业的需求，让学生在实际工作中锻炼自己，提高职业素养和实践能力，为以后就业作准备。

本课程的学习，可使学生进一步明确学习目标、增强学习动力、培养学习兴趣。实训过程通过仿真和线下实践相结合的方式进行，要求学生按照项目要求逐个完成实训内容，为以后的学习打下坚实的基础。

编　者

2024年6月

# 目 录

**项目一 认识单片机及其软件** ………………………………………………… (1)
    任务一 认识单片机 ……………………………………………………………… (3)
    任务二 仿真软件 Proteus 的使用 ……………………………………………… (8)
    任务三 汇编软件 Keil 的使用及单片机最小应用系统仿真 …………………… (13)
    任务四 单片机最小应用系统制作与调试 ……………………………………… (16)
    任务五 项目相关知识延伸——C 语言概述 …………………………………… (18)
    任务六 项目相关知识延伸——MCS-51 单片机存储器结构 ………………… (24)
    章节总结卡 ………………………………………………………………………… (28)

**项目二 单片机控制广告灯的设计及制作** …………………………………… (30)
    任务一 MCS-51 单片机 I/O 端口及 C 语言相关指令 ………………………… (32)
    任务二 广告灯电路的硬件、软件设计 ………………………………………… (38)
    任务三 广告灯电路的计算机仿真 ……………………………………………… (42)
    任务四 广告灯的制作与调试 …………………………………………………… (44)
    章节总结卡 ………………………………………………………………………… (47)

**项目三 单片机控制电动机正反转电路的制作** ……………………………… (49)
    任务一 项目相关知识学习 ……………………………………………………… (51)
    任务二 电动机正反转控制电路硬件、软件设计 ……………………………… (55)
    任务三 电动机正反转控制电路的计算机仿真 ………………………………… (61)
    任务四 电动机正反转控制电路的制作与调试 ………………………………… (63)
    章节总结卡 ………………………………………………………………………… (65)

**项目四 单片机控制防盗报警器电路制作** …………………………………… (67)
    任务一 MCS-51 单片机中断系统学习 ………………………………………… (69)
    任务二 中断系统应用——防盗报警器电路硬件、软件设计 ………………… (74)
    任务三 防盗报警器电路的计算机仿真 ………………………………………… (78)
    任务四 防盗报警器电路的制作与调试 ………………………………………… (80)
    章节总结卡 ………………………………………………………………………… (82)

**项目五 单片机控制音频输出电路制作** ……………………………………… (84)
    任务一 MCS-51 单片机定时器结构及其工作方式 …………………………… (86)
    任务二 音频输出电路的硬件、软件设计 ……………………………………… (90)
    任务三 音频输出电路的计算机仿真 …………………………………………… (94)

任务四　音频输出电路的制作与调试 ………………………………………… (96)
　　章节总结卡 …………………………………………………………………… (98)
**项目六　单片机控制数字时钟电路制作** …………………………………………… (100)
　　任务一　项目相关知识学习 …………………………………………………… (102)
　　任务二　数字时钟电路硬件、软件设计 ……………………………………… (106)
　　任务三　数字时钟电路的计算机仿真 ………………………………………… (112)
　　任务四　数字时钟电路的制作与调试 ………………………………………… (114)
　　章节总结卡 …………………………………………………………………… (116)
**项目七　单片机双机通信电路制作** ………………………………………………… (118)
　　任务一　项目相关知识学习 …………………………………………………… (120)
　　任务二　双机通信电路的硬件、软件设计 …………………………………… (124)
　　任务三　单片机双机通信的计算机仿真 ……………………………………… (128)
　　任务四　单片机双机通信的制作与调试 ……………………………………… (130)
　　章节总结卡 …………………………………………………………………… (131)
**主要参考文献** ………………………………………………………………………… (133)

# 项目一　认识单片机及其软件

| 项目导入 | 项目目标 | 项目内容 |

**【项目导入】**

　　MCS-51 系列单片机是 Intel 公司于 1980 年推出的产品,许多单片机生产厂商沿用或参考了其体系结构,像 Atmel、Philips 等著名的半导体公司都推出了兼容 MCS-51 的单片机产品。所以,我们以 MCS-51 单片机为例来介绍单片机的基本知识。

【项目目标】

1. 了解什么是单片机及单片机的外部特征和引脚功能。
2. 掌握单片机开发软件 Protues 和 Keil 的使用方法。
3. 掌握单片机最小应用系统的电路构成。
4. 掌握单片机编程语言的相关知识。
5. 理解单片机程序存储器、数据存储器的结构及作用。

【项目内容】

1. 通过介绍生活中的实际情境,引出单片机的应用领域,并说明什么是单片机。
2. 单片机的外部特征及引脚功能讲授。重点介绍引脚功能及使用方法,举例说明控制信号的引脚功能。
3. 实践操作单片机开发软件 Protues 和 Keil。
4. 实践制作 MCS-51 单片机最小应用系统。
5. 讲授单片机开发语言——C 语言相关知识。
6. 讲授单片机存储器的结构及作用。

# 任务一  认识单片机

导入：什么是单片机呢？单片机是单片机微型计算机的简称，是将中央处理器（CPU）、随机存储器（RAM）、只读存储器（ROM）、定时/计数器、输入/输出电路、中断系统等电路集成到一块芯片上所构成的一个最小却完善的计算机系统。

单片机芯片及单片机开发板如图 1-1 所示。

图 1-1  单片机芯片及单片机开发板

## 一、MCS-51 单片机的外部特征及引脚功能

常见的 MCS-51 单片机多采用 40 引脚双列直插（DIP）封装，其引脚分布如图 1-2 所示。40 个引脚中有 2 个主电源引脚，2 个外接晶振引脚，4 个控制信号引脚，32 个 I/O 口引脚。各引脚功能如下。

1. 主电源引脚：Vcc（40 脚）和 Vss（20 脚）

Vcc：接 +5V。

Vss：接地。

图 1-2 单片机引脚分布图及外形图

**2. 外接晶振引脚:XTAL1(19 脚)和 XTAL2(18 脚)**

在使用内部振荡电路时,XTAL1 和 XTAL2 用来外接石英晶体和微调电容,与内部电路共同作用产生时钟脉冲信号,时钟脉冲的频率为晶振频率。在使用外部时钟时,用来输入时钟脉冲。

**3. 控制信号引脚:RST/VPD(9 脚)、ALE/$\overline{PROG}$(30 脚)、$\overline{PSEN}$(29 脚)、$\overline{EA}$/VPP(31 脚)**

RST/VPD(9 脚):双功能引脚,复位功能(RST)或备用电源(VPD)功能。

ALE/$\overline{PROG}$(30 脚):双功能引脚,地址锁存信号输出(ALE)或编程脉冲输入(PROG)。

$\overline{PSEN}$(29 脚):外部程序存储器的读选通信号引脚,当访问外部程序存储器时,该引脚产生负脉冲作为外部程序存储器的读选通信号。

$\overline{EA}$/VPP(31 脚):双功能引脚,程序存储器选择控制功能($\overline{EA}$)或编程电源输入(VPP)。当$\overline{EA}$/VPP=0 时,CPU 对程序存储器的访问限定在外部程序存储器;当$\overline{EA}$/VPP=1 时,CPU 访问从内部程序存储器 0~4kB 地址开始,并可以自动延至外部超过 4kB 的程序存储器。

**4. I/O 口引脚:P0.0~P0.7、P1.0~P1.7、P2.0~P2.7、P3.0~P3.7**

32 个 I/O 口引脚分成 4 组,分别用于 4 个 I/O 端口 P0、P1、P2、P3 的 8 位 I/O 口引脚。P0.0~P0.7 对应 P0,P1.0~P1.7 对应 P1,P2.0~P2.7 对应 P2,P3.0~P3.7 对应 P3。

## 二、MCS-51 单片机总体结构

MCS-51 单片机的总体结构如图 1-3 所示。单片机内部逻辑功能部件有中央处理器、振

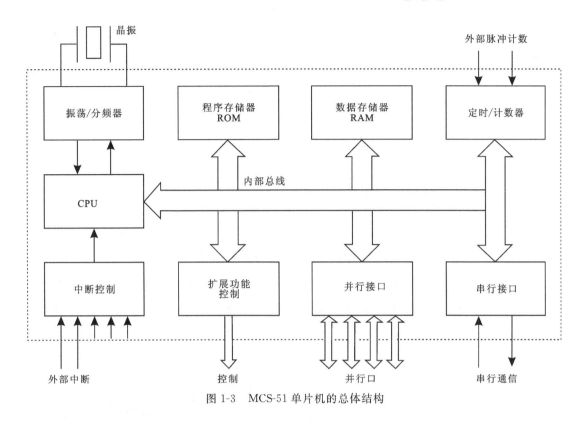

图 1-3　MCS-51 单片机的总体结构

荡/分频器、程序存储器、数据存储器、定时/计数器、中断控制系统、扩展功能控制电路、并行接口电路和串行接口电路，它们通过内部三总线有机地连接起来。

### 1. 中央处理器(CPU)

CPU 是单片机分析和运算的核心部件，是单片机的指挥中心，它的作用是读入和分析每条指令，根据每条指令的功能要求，控制各个功能部件执行相应的操作。

### 2. 振荡/分频器

振荡/分频器的作用是与外部电路一起构成时钟振荡电路产生时钟脉冲，经分频器分频产生单片机所需的时基脉冲信号，为单片机各种功能部件提供统一而精确的执行控制信号，是单片机执行各种动作和指令的时间基准。MCS-51 单片机的时钟振荡电路构成有两种形式：内部时钟方式和外部时钟方式，如图 1-4 所示。

单片机的其他功能部件的结构、作用以及应用将在后续相关内容中进行介绍。

## 三、单片机最小应用系统

单片机最小应用系统是指维持单片机正常工作所必需的电路连接。该系统接到+5V 电源能够独立地工作，实现一定的功能。下面以 ATMEL 公司生产的单片机 AT89S51 为例，介绍单片机最小应用系统。

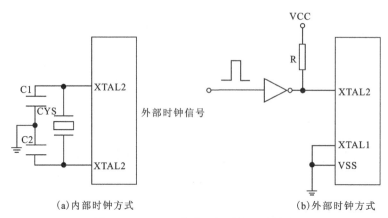

(a) 内部时钟方式　　　　　　　　　　(b) 外部时钟方式

图 1-4　MCS-51 单片机的时钟电路构成

　　AT89S51 与 MCS-51 单片机内部结构相似,含有 4kB 内部程序存储器,将时钟电路和复位电路连接即可构成单片机最小应用系统。由 AT89S51 构成的单片机最小应用系统如图 1-5 所示。

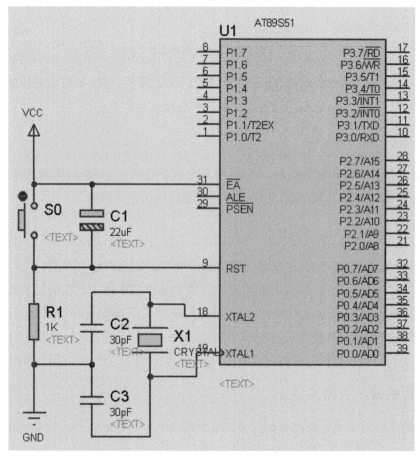

图 1-5　由 AT89S51 构成的单片机最小应用系统示意图

时钟电路由 C2、C3 和晶振 X1 与单片机内部电路构成。该振荡器为单片机内部各功能部件提供一个高稳定性的时钟脉冲信号,以便为单片机执行各种动作和指令提供基准脉冲信号。单片机时钟电路的作用好似一个生命的心脏。

S0、C1 和 R1 构成单片机的上电复位加按键复位电路。作用是当单片机系统上电时复位,使单片机开始工作;当系统出现故障或死机时,用按钮复位,使单片机重新开始工作。

电路连接完成后,将程序写入单片机程序存储器,接上电源,单片机最小应用系统就可以工作了。

# 任务二 仿真软件 Proteus 的使用

导入:利用仿真软件进行仿真,与做实际电路实验的步骤基本相同,但不需要元件成本,可以快速、反复、多参数进行实验仿真。

Proteus ISIS 是英国 Labcenter 公司开发的电路分析与实物仿真软件。它运行于 Windows 操作系统上,该软件具有模拟电路仿真、数字电路仿真、单片机及其外围电路组成的系统仿真等各种电路的仿真功能。有各种虚拟仪器,如示波器、逻辑分析仪、信号发生器等,功能极其强大。下面介绍 Proteus ISIS 软件的工作环境和一些基本操作。

## 一、进入 Proteus 工作界面

双击桌面上的 ISIS 6 Professional 图标即可进入其工作界面。包括标题栏、主菜单、标准工具栏、绘图工具栏、状态栏、对象选择按钮、预览对象方位控制按钮、仿真进程控制按钮、预览窗口、对象选择器窗口、图形编辑窗口,如图 1-6 所示。

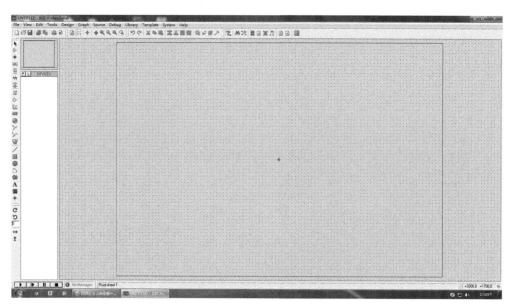

图 1-6　Proteus 工作界面

## 二、Proteus 基本操作

下面以图 1-7 为例介绍 Proteus 基本操作。

1. 将所需元器件加入到对象选择器窗口

单击对象选择器按钮,弹出"Pick Devices"页面,在"Keywords"输入 AT89C51(AT89S51

项目一 认识单片机及其软件

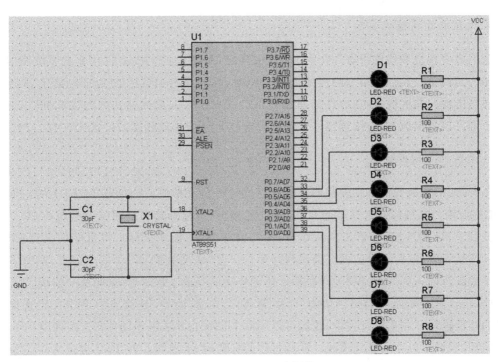

图 1-7 Proteus 基本操作

与 AT89C51 兼容),系统在对象库中进行搜索查找,并将搜索结果显示在"Results"中。在"Results"栏的列表项中,双击"AT89C51",则可将"AT89C51"添加至对象选择器窗口。

按同样方法,将其他所需的元件(红色发光二极管 LED-RED、电容 CAP、电阻 RES、晶振 CRYSTAL 等)加入到对象选择器窗口。单击"OK"按钮,结束对象选择。

2. 放置元器件至图形编辑窗口

在对象选择器窗口中,点击选中 AT89C51,将鼠标置于图形编辑窗口该对象的合适位置上,单击鼠标左键,完成该对象放置。按照相同操作,将电容、晶振等其他元件放置到图形编辑窗口中。由于发光二极管需要 8 只,所以点击选中发光二极管后,在图形编辑区域适当的位置再反复点击放置 8 次,此时总共放置了 8 只发光二极管,二极管名的标示系统会自动区分。使用同样的方法可以放置其他元件。

3. 移动、删除对象和调整对象朝向

将鼠标移到该对象上,单击鼠标右键,此时我们注意到,该对象的颜色已变至红色,表明该对象已被选中,按下鼠标左键,拖动鼠标,将对象移至新位置后,松开鼠标,完成移动操作。

选中对象后,再次右击鼠标,即可将对象删除。

选中对象后,用鼠标左键点击旋转按钮可以使对象旋转,点击镜像按钮可以使对象按 $x$ 轴镜像或按 $y$ 轴镜像。

**4. 放置电源及接地符号**

我们会发现许多器件没有 Vcc 和 GND 引脚,其实是它们被隐藏了,仿真时系统使用默认的电源为其供电。其他电路引脚需要连接电源时,可以点击工具箱的接线端按钮,这时对象选择器将出现一些接线端,在器件选择器里点击 GROUND,鼠标移到图形编辑窗口,左键点击一下即可放置接地符号;同理也可以把电源符号 POWER 放到图形编辑窗口中。

**5. 元器件之间的连线**

Proteus 的智能化可以在你想要画线的时候进行自动检测。比如将电阻 R1 的左端连接到 D1 的右端。当鼠标的指针靠近 R1 左端的连接点时,鼠标指针前面就会出现一个"×"号,表明找到了 R1 的连接点,单击鼠标左键,移动鼠标(不用拖动鼠标),将鼠标的指针靠近 D1 右端的连接点时,鼠标指针前面又会出现一个"×"号,表明找到了 D1 的连接点,同时屏幕上出现了粉红色的连接,单击鼠标左键,粉红色的连接线变成了深绿色,表明这一连线完成了。

Proteus 具有线路自动路径功能(简称 WAR),当选中两个连接点后,WAR 将选择一个合适的路径连线。在连线过程中,我们可以用左击鼠标的方法来手动选择连线的路径。

同理,我们可以完成其他连线。在此过程的任何时刻,都可以按 ESC 键或者单击鼠标的右键来放弃画线。

**6. 编辑对象的属性**

对象一般都具有文本属性,这些属性可以通过一个对话框进行编辑。编辑单个对象的具体方法是:先右键点击选中对象,然后用左键点击对象,此时出现属性编辑对话框。图 1-8 是电阻参数的编辑对话框,在这里你可以改变电阻的标号、电阻值、PCB 封装以及决定是否把这些东西隐藏等,修改完毕,点击"OK"按钮即可。

设置完元件参数,电路硬件制作的计算机仿真就完成了。还有一些 Proteus 的基本操作,有的与 Word 相似,有的可在软件使用中进一步学习,在这里就不一一介绍了。

## 三、仿真运行

进行模拟电路、数字电路仿真时,只需点击仿真运行按钮就可以了。当仿真单片机应用系统时,应先将应用程序目标文件载入单片机芯片中,再进行仿真运行。载入目标文件的方法是,先选中单片机芯片,再左击该芯片后出现如图 1-9 所示对话框,再点击按钮,出现文件选项对话框,双击由 Keil 软件编译生成的 .hex 目标文件,最后点击"OK"按钮,将目标文件载入单片机芯片中,就可以进行仿真运行了。

## 四、绘制单片机最小应用系统

单片机最小应用系统电路如图 1-10 所示。

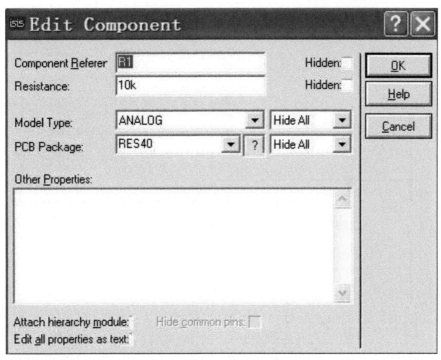

图 1-8　编辑电阻参数对话框

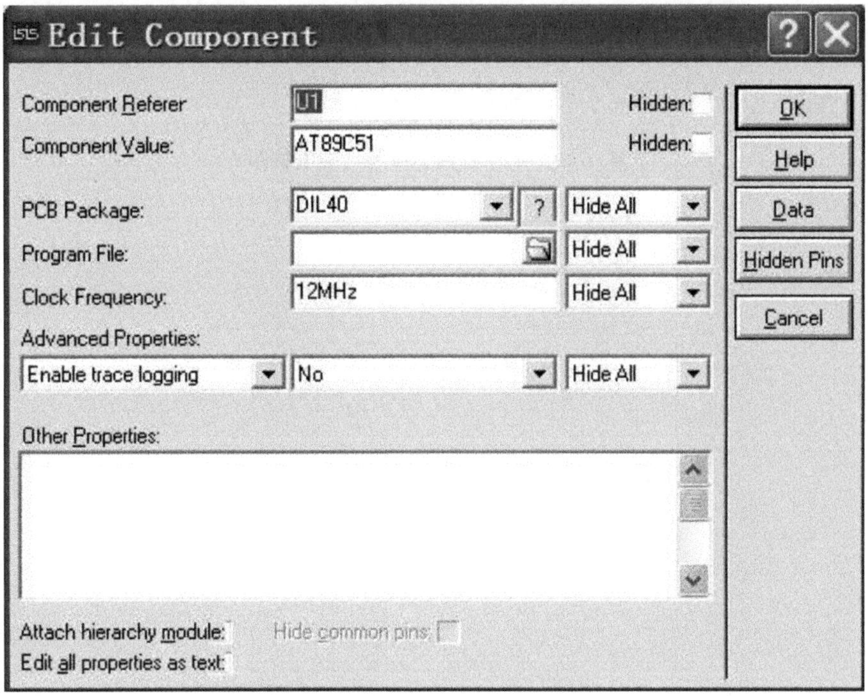

图 1-9　载入目标文件对话框

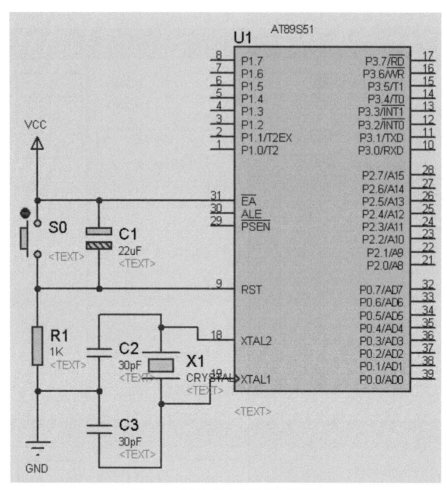

图 1-10　单片机最小应用系统电路图

## 任务三  汇编软件 Keil 的使用及单片机最小应用系统仿真

### 一、Keil 工程的建立

首先启动 Keil 软件,可以直接双击 uVision 快捷图标以启动该软件。软件启动后,程序窗口的左边有一个工程管理窗口,该窗口有 3 个标签页,分别是 Files、Regs 和 Books。这 3 个标签页分别显示当前项目的文件结构、CPU 的寄存器及部分特殊功能寄存器的值(调试时才出现)和所选 CPU 的附加说明文件。如果是第一次启动 Keil,那么这 3 个标签页全是空的。

1. 源文件的建立

点击菜单"File—New…"或者点击工具栏的新建文件按钮,即可在项目窗口的右侧打开一个新的文本编辑窗口,在该窗口中输入 C 语言源程序。

录入源程序后,保存该文件,注意必须加上扩展名(C 语言源程序扩展名一般为.c),这里假定将文件保存为"方波输出.c"。

需要说明的是,源文件是一般的文本文件,不一定使用 Keil 软件编写,可以使用任意文本编辑器编写,但 Keil 编辑器对汉字的支持不完善,建议使用 UlterEdit 之类的编辑软件进行源程序的录入。

2. 建立工程文件

点击"Project—New Project…"菜单,出现一个对话框,要求给将要建立的工程起一个名字,可以在编辑框中输入一个名字(比如项目一),不需要扩展名。点击"保存"按钮,出现第二个对话框。这个对话框要求选择目标 CPU(即所用的芯片型号),Keil 支持的 CPU 很多,我们选择 AT89S51 芯片。点击 ATMEL 前面的"+"号,展开该层,点击其中的 AT89S51,然后再点击"确定"按钮,回到主界面。此时,在工程窗口的文件页中,出现了"Tangct1",前面有"+"号,点击"+"号展开可以看到下一层的"Source Group1",这时的工程还是一个空的工程,里面什么文件也没有,需要手动加入刚才编写好的源程序。点击"Source Group1"使其被选中,然后点击鼠标右键,出现一个下拉菜单,选中其中的"Add file to Group 'Sorce Group1'",出现一个对话框。该对话框要求寻找源文件。该对话框下面的"文件类型"默认为 C source file(*.c),也就是以.c 为扩展名的文件。在列表框中找到"方波输出.c"文件,双击该文件将其加入工程。

## 二、工程的设置(针对单片机制作项目进行简单设置)

工程建立好以后,还要对工程进行进一步的设置,以满足要求。首先右击左边 Project 窗口的 Target 1,弹出下拉菜单,点击 Option for target"target1"即出现工程设置的对话框。这个对话框非常复杂,共有 10 个页面,要全部搞清可不容易,好在绝大部分设置项取默认值就行了。

设置对话框中的 Target 页面,如图 1-11 所示,Xtal 后面的数值是晶振频率值,默认值是所选目标 CPU 的最高可用频率值,该数值与最终产生的目标代码无关,仅用于软件模拟调试时显示程序执行时间。正确设置该数值可使显示时间与实际所用时间一致,一般将其设置成与硬件所用晶振频率相同,如果没必要了解程序执行的时间,也可以不设置,这里设置为 6.0。

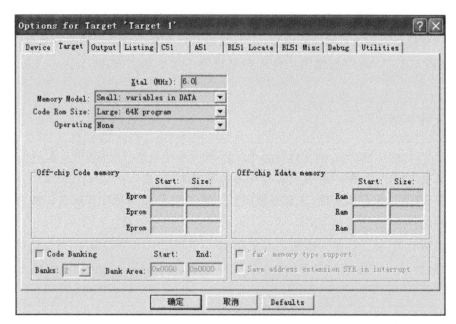

图 1-11 Target 页面

设置对话框中的 Output 页面,如图 1-12 所示,这里面也有多个选择项,其中 Creat HEX File 用于生成可执行代码文件(可以用编程器写入单片机芯片的 .hex 格式文件,文件的扩展名为 .hex),默认情况下该项未被选中。如果要下载到开发板做硬件实验,就必须选中该项,这一点是初学者容易疏忽的,在此特别提醒注意。

按钮"Select Folder for Objects"用来选择最终的目标文件所在的文件夹,默认与工程文件在同一个文件夹中。Name of Executable 用于指定最终生成的目标文件的名字,默认与工程的名字相同,这两项一般不需要更改。其他页面设置取默认值。

## 三、编译、连接

在设置好工程后,即可进行编译、连接。点击"Build target"按钮,对当前工程进行连接,如果当前文件已修改,软件会先对该文件进行编译,然后再连接以产生目标代码;如果点击

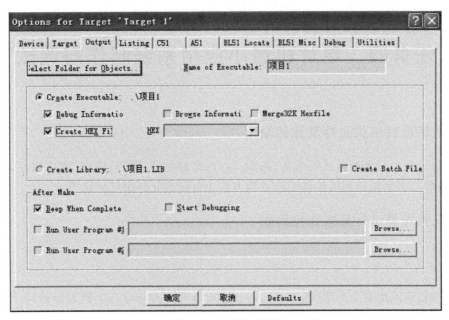

图 1-12　OutPut 页面

"Rebuild All target files"按钮,将会对当前工程中的所有文件重新进行编译然后再连接,确保最终生产的目标代码是最新的,而点击按钮"Translate…",则仅对该文件进行编译,不进行连接。

编译过程中的信息将出现在输出窗口中的 Build 页中,如果源程序中有语法错误,会有错误报告出现,双击该行,可以定位到出错的位置,对源程序进行反复修改之后,最终会得到如图 1-13 所示的结果,提示获得了名为项目 1.hex 的文件。该文件即可被编程器读入并写到芯片中,同时还产生了一些其他相关的文件,可被用于 Keil 的仿真与调试,这时可以进入下一步调试的工作。

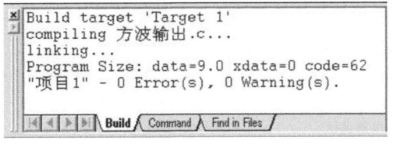

图 1-13　运行结果

# 任务四　单片机最小应用系统制作与调试

## 一、认识项目相关元件及元件测试

本项目的相关元件有单片机芯片、晶振、电容、电解电容、电阻、按键、集成块座、数据线插座、万能板等。由学生识别各相关元件并用万用表对相关元件进行测试。

## 二、元件布局设计及电路接线图

1. 布局设计

学生依据电路仿真原理图(图 1-14),并根据电路元件实际进行电路布局设计。元件布局设计时应考虑接线方便,并兼顾美观大方。

2. 绘制电路接线图

学生根据所设计的布局图并依据电路原理图进行电路接线图绘制,接线图必须按元件的实际位置绘制,接线图绘制完成后,要妥善保存。

## 三、按元件高低层次依次进行插装与焊接

(1) 40 脚 IC 插座插装与焊接。
(2) 晶振、电容、电阻插装与焊接。
(3) 按键、电解电容、数据线插座插装与焊接。

## 四、电路连接

(1) 根据电路接线图进行各元件之间的连接。
(2) 完成各元件的连接后,使用电脑上的 5V 电源,将电源线引出或将 USB 底座焊接在电路板上。

## 五、硬件电路调试

(1) 通电之前,先用万用表检查各电源线与地线之间是否有短路现象,测试 40 脚 IC 插座各脚对地电阻值并记录,分析各电阻值是否合理。若发现有不合理值,要进行分析查找及处理。

(2) 不插单片机芯片,接通电源,检查所有插座或器件的电源端是否有符合要求的电压值,如发现电压值偏离较多,应立即中断供电并检查处理。测试接地端电压是否为 0V,测试 40 脚 IC 插座各脚对地电压并记录,分析各电压值是否合理。

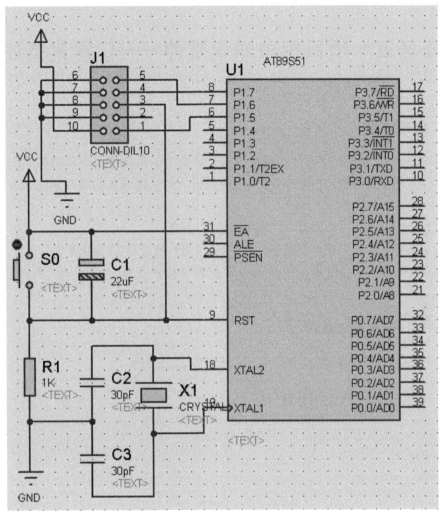

图 1-14　电路仿真原理图

（3）插上单片机芯片，接通电源，用万用表测量单片机芯片各引脚电压并记录，分析各引脚电压是否合理，尤其注意 18、19、30 脚的电压，初步判断时钟电路是否起振，单片机电路是否有"生命"特征。

（4）可以通过测试 18、19、30 脚波形来进一步判定单片机最小系统是否有"生命"特征，即是否已经正常工作了。

## 六、写入应用程序试运行

由老师示范程序写入的操作步骤，再由学生动手实际操作，最后用示波器测试输出波形。

# 任务五  项目相关知识延伸——C语言概述

## 一、C语言特点

C语言是一种计算机程序设计的高级语言。它结合了高级语言的结构性和汇编语言的实用性,广泛应用于单片机应用程序设计、单片机嵌入式系统开发及编写系统软件。其主要特点如下:

(1)可以像汇编语言一样对位、字节和地址进行操作。

(2)具有各种各样的运算符和数据类型,引入了指针概念,程序效率更高。

(3)以函数形式呈现,模块化的结构方式使程序层次清晰,便于识读、使用、维护以及调试。

## 二、Keil C程序基本结构

C语言程序由若干个函数(主程序和子程序)构成。举例如下:

```
/* * * * * * * * 以下为指定头文件* * * * * * * * /
# include< reg51.h>
/* * * * * * 以下为定义区,定义全局变量、功能函数等* * * * * * /
delay(int);
unsigned char x,y;
…
/* * * * * * * * 以下是主函数* * * * * * * * * * * * /
main()
{
int i,j;
unsigned char led;
led= 0xff;
…
}
/* * * * * * * * 以下是子函数* * * * * * * * * * * /
delay(int x)
{
int i,j;
for(i= 0;i< x;i+ + )
…
}
```

1. 指定头文件

头文件(*.h)内部包含的是预先定义好的一些基本数据。指定头文件一般有两种方式:#include<头文件名>或#include"头文件名"。例如:#include<reg51.h>,reg51.h是定义 MCS-51 单片机的各个专用寄存器。

2. 定义区

定义区用来定义程序中用到的常数、变量、函数等,跟在指定头文件之后,其作用范围包括主函数和所有子函数。在 C 语言中,子函数的位置随意性比较大,所以建议在声明区提前声明使用到的所有子函数。

3. 主函数(主程序)

主函数以"main()"开头,其内容放在其后的一对大括号"{ }"里,包括定义区与程序区。这里定义区内定义的常数、变量等只作用于主程序。

4. 子函数及中断服务函数

(1)子函数是一种具有相对独立功能的程序,其结构与主程序相似。函数格式如下:
返回数据类型  函数名(传入数据类型)
函数可将要处理的数据传入该函数,也可将函数处理完成的数据返回到调用它的程序中。如将一个字符型数据(char)传入函数,处理完成后返回一个整型数据(int),假定其函数名为"SUB_name",则函数可以这样定义:int SUB_name(char x)。

如果不需要传入函数,则可在小括号内用"void"代替,函数可以这样定义:int SUB_name(void)。

如果不要返回数据,则可以在函数名左侧用"void"代替,函数可以这样定义:void SUB_name(char x)。

(2)中断服务函数格式如下:
void 中断服务函数名(void) interrupt 中断编号 using 寄存器组
中断子程序的结构与函数的结构类似,不过中断子程序不能传入和传出数据。

5. 注释

注释就是程序说明,不参与程序编译。C 语言注释以"/*"开头,以"*/"结束,也可以用"//"开头,在符号右侧进行注释。注释可以跟在指令后面,也可以单独一行存在。

## 三、Keil C 的数据类型

在定义常数和变量时,我们要告知编译程序需要保留多大的位置,这就需要定义数据类型。Keil C 提供了通用数据类型和 8051 的特殊数据类型,如表 1-1、表 1-2 所示。

表 1-1 通用数据类型

| 类型 | 名称 | 位数 | 范围 |
| --- | --- | --- | --- |
| char | 字符型 | 8 | −128～+127 |
| unsigned char | 无符号字符型 | 8 | 0～255 |
| int | 整型 | 16 | −32 768～+32 767 |
| unsigned int | 无符号整型 | 16 | 0～65 535 |
| bit | 位型 | 1 | 0,1(用于访问 0x20～0x2f 位寻址区) |
| sbit | 位型 | 1 | 0,1(用于访问 0x80～0xff 可位寻址区) |

表 1-2 8051 的特殊数据类型

| 数据类型 | 描述 | 例子 |
| --- | --- | --- |
| 位地址 | 8051 的 RAM 可以按位寻址,每个位都有一个地址 | P1.0,P2.7 |
| 字节地址 | 8051 的 RAM 和 SFR(特殊功能寄存器)都可以按字节寻址 | R0,R1,P1,TCON |
| 位寻址区 | 8051 的内部 RAM 的 20H 到 2FH 地址范围是位寻址区,共 128 位 | 位寻址区的每一位都可以单独寻址 |
| SFR 区 | 8051 的特殊功能寄存器区,用于控制和监视微控制器的特殊功能 | P0,P1,P2,P3,TCON,SCON,TMOD,TL0,TH0,TL1,TH1,SP,DPL,DPH,ACC,B,PSW 等 |
| 累加器 | 8051 的累加器 ACC 用于算术和逻辑运算 | ACC |
| B 寄存器 | 8051 的 B 寄存器用于乘法和除法运算 | B |
| 程序计数器 | PC 用于存储下一条要执行指令的地址 | PC |
| 数据指针 | DPTR 用于存储数据存储器的地址 | DPTR |
| 堆栈指针 | SP 用于指向当前堆栈的顶部 | SP |
| 状态寄存器 | PSW 用于指示算术运算的结果和控制条件 | PSW |

## 四、Keil C 的变量与关键字

定义变量的格式如下:

［存储种类］数据类型［存储器类型］变量名

(1)变量名跟在数据类型之后,其遵循以下原则:变量名可以使用大小写字母、数字和下划线;第一个字符不能是数字;不能使用关键字。

(2) 特殊的变量——数组和指针。数组是相同类型的数据集合在一起的数据结构；指针则是存放存储器地址的变量。这两个特殊的变量在 C 语言程序中的作用非常重要。

(3) 关键字是编译程序保留特殊用途的字符串。ANSI C 的关键字如下所示。

auto——自动存储期

break——跳出循环或 switch 语句

case——switch 语句中的一个分支

char——字符类型

const——常量,不可修改的变量

continue——跳过当前循环的剩余部分,继续下一次循环

default——switch 语句中的默认分支

do——do-while 循环的开始

double——双精度浮点类型

else——if 语句的可选部分

enum——枚举类型

extern——声明外部变量或函数

float——单精度浮点类型

for——for 循环

goto——无条件跳转到程序的另一部分

if——条件语句

int——整型

long——长整型

register——建议编译器将变量存储在 CPU 寄存器中

return——从函数返回值

short——短整型

signed——有符号类型

sizeof——计算数据类型或变量的大小(以字节为单位)

static——静态存储期

struct——结构体类型

switch——多分支选择语句

typedef——数据类型定义别名

union——联合类型

unsigned——无符号类型

void——无类型或空类型

volatile——可变的,编译器不应优化

while——while 循环

下面举几个变量定义的例子：
sbit S1＝P1^0；　　//定义 S1 为位型变量等于 P1.0。
unsigned int i；　　//定义 i 为无符号整型变量。
unsigned char jzt；//定义 jzt 为无符号字符型变量。

## 五、Keil C 的运算符

运算符是程序语句中的操作符号。Keil C 有以下几种运算符。

(1)算术运算符。算术运算符是进行算术运算的操作符号。有＋、－、*、/、％五种。

(2)递增、递减运算符。递增、递减运算符的符号为＋＋(递增)、－－(递减)。

(3)关系运算符。关系运算符用来处理两个量之间的大小关系,结果为真时为 1,反之为 0。常用关系运算符如下：
＝＝(相等)、!＝(不等)、＞(大于)、＜(小于)、≥(大于等于)、≤(小于或等于)。

(4)逻辑运算符。逻辑运算符是进行逻辑运算的操作符号,常用的逻辑运算符号如下：
&&(逻辑与)、||(逻辑或)、!(逻辑非)。

(5)布尔运算符。布尔运算符是针对变量中的每一个位进行逻辑操作的。常用的布尔运算符如下：
&(与运算)、~(取补运算)、|(或运算)、<<(左移)、>>(右移)等。

(6)赋值运算符。赋值运算符是"＝"。除"＝"以外,还有一些复合运算符,如表 1-3 所示。

表 1-3　复合运算符

| 复合运算符 | 描述 | 等价于 |
| --- | --- | --- |
| ＋＝ | 加法赋值 | a＝a＋b |
| －＝ | 减法赋值 | a＝a－b |
| *＝ | 乘法赋值 | a＝a*b |
| /＝ | 除法赋值 | a＝a/b |
| ％＝ | 取模赋值 | a＝a％b |
| <<＝ | 左移赋值 | a＝a<<b |
| >>＝ | 右移赋值 | a＝a>>b |
| &＝ | 按位与赋值 | a＝a&b |
| ^＝ | 按位异或赋值 | a＝a^b |

## 六、Keil C 的基本语句

Keil C 提供了多种循环、判断、跳转语句。

(1)循环语句。用在循环结构中,极大地减少了源程序中需要重复书写的工作量,将程序控制在指定的循环里。

常用的循环语句有 while 语句、do while 语句和 for 语句。

(2)判断语句。用在选择结构中,使源程序根据条件决定程序的流程。Keil C 提供的判断语句有条件选择语句 if else 和多分支选择语句 switch case。

(3)跳转语句。用在循环结构中,实现源程序中有条件或者无条件的跳转,以改变源程序的流程;或者返回一个值给定义的函数,用于条件判断,如 break、continue、go to、return 语句。

break 语句的用法后面项目中还有详细讲解,continue 语句与 break 语句用法类似,不同的是 break 语句是结束并跳出循环,而 continue 语句是结束本次循环,继续下一次循环。

go to 是 Keil C 提供的无条件跳转指令(尽量避免使用),其使用格式如下:

```
go to 标号;
```

当执行到本语句时,将跳转到该标号所对应的语句上去。例如:

```
go to loop;
…
loop:P0= 0x0f;
…    //当执行到 go to 语句时,下一步将执行 P0= 0x0f 语句。
```

return 语句是 Keil C 提供的返回值语句,通常用来给定义的函数返回一个值,其格式如下:

```
return x;//x 为一个数据类型变量。
如果我们定义一个函数:
int get(void)
{
int x,i,j;
…
x= i+ j;
return x;
}       //如果 i+ j= 5,那么将有 get()= 5。
```

# 任务六 项目相关知识延伸
## ——MCS-51 单片机存储器结构

### 一、MCS-51 单片机存储器结构

MCS-51 单片机的存储器分为程序存储器和数据存储器。物理上,MCS-51 单片机有 4 个存储结构(图 1-15),分别是内部程序存储器、外部程序存储器、内部数据存储器和外部数据存储器。

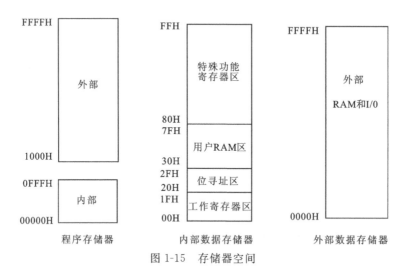

图 1-15 存储器空间

### 二、程序存储器

程序存储器用于存放程序和表格数据。8051 单片机有 4K 字节的程序存储器,片外最多可扩展 60K 字节程序存储器,片内外采用统一编址。应注意不同单片机芯片引脚的用法,例如 AT89S51 芯片与 8031 芯片引脚用法的不同。

当程序存储区用来存放表格数据时,可以这样表示:

char code buf[ ]= {0xc0, 0xf9, 0xa4, 0xb0, 0x99, 0x92, 0x82, 0xf8, 0x80, 0x98};

### 三、数据存储器

1. 内部数据存储器

MCS-51 单片机的片内数据存储器共 256 字节,分为四部分,如图 1-16 中的内部数据存储器。

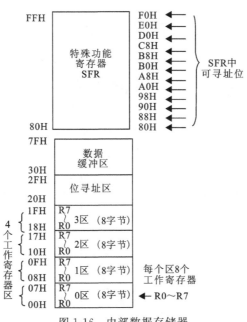

图 1-16 内部数据存储器

00H～1FH 单元共 32 个字节为通用工作寄存器区。32 个字节分成 4 个组,每个组含 8 个 8 位通用工作寄存器,分别是 R0～R7,当前只能使用其中的一个组,由程序状态 PSW 寄存器 PSW 中的两位来确定使用哪一个组。

20H～2FH 单元共 16 个字节,除可按字节寻址外,还可按位寻址,称为位寻址区。

30H～7FH 单元共 80 个字节,专用于存储数据,称为用户数据存储器区。

80H～FFH 单元共 128 个字节,为特殊功能寄存器区。在特殊功能寄存器区离散分布着程序计数器 PC 和 21 个特殊功能寄存器,而其他单元则不能使用。表 1-4 列出了这 21 个特殊功能寄存器的助记标识符、名称和地址。其中,带 * 号的寄存器可按字节和按位寻址,它们的地址正好能被 8 整除。

表 1-4 21 个特殊功能寄存器的助记标识符、名称和地址

| 助记标识符 | 名称 | 地址 |
| --- | --- | --- |
| ACC | 累加器 | E0H |
| B | B 寄存器 | F0H |
| PSW | 程序状态字 | D0H |
| P0* | 端口 0 | 80H |
| SP | 堆栈指针 | 81H |
| DPL | 数据指针低字节 | 82H |
| DPH | 数据指针高字节 | 83H |
| PCON | 电源控制寄存器 | 87H |

续表 1-4

| 助记标识符 | 名称 | 地址 |
|---|---|---|
| TCON* | 定时器控制寄存器 | 88H |
| TMOD | 定时器模式寄存器 | 89H |
| TL0 | 定时器0低字节 | 8AH |
| TL1 | 定时器1低字节 | 8BH |
| TH0 | 定时器0高字节 | 8CH |
| TH1 | 定时器1高字节 | 8DH |
| P1* | 端口1 | 90H |
| SCON | 串行控制寄存器 | 98H |
| SBUF | 串行缓冲寄存器 | 99H |
| P2* | 端口2 | A0H |
| IE* | 中断使能寄存器 | A8H |
| IP* | 中断优先级寄存器 | B8H |
| P3* | 端口3 | B0H |

这些特殊功能寄存器分别用于以下各功能单元：

ACC、B、PSW、SP、DPTR 用于 CPU；

P0、P1、P2、P3 用于并行接口；

IE、IP 用于中断系统；

TMOD、TCON、TL0、TH0、TL1、TH1 用于定时/计数器；

SCON、SBUF、PCON 用于串行接口。

以下我们介绍程序计数器 PC 和部分特殊功能寄存器，其余在后面的项目中分述。

(1)程序计数器 PC。PC 在物理结构上是独立的，它是一个 16 位寄存器，用来存放下一条要被执行指令的首字节地址。它不属于特殊功能寄存器。

(2)累加器 ACC。使用最频繁的专用寄存器，许多指令的操作数取自 ACC，中间结果和最终结果也常存于 ACC 中。在指令系统中 ACC 简记为 A。

(3)程序状态字寄存器 PSW。它是一个 8 位寄存器，用于指示指令执行状态。

| D7 | D6 | D5 | D4 | D3 | D2 | D1 | D0 |
|---|---|---|---|---|---|---|---|
| CY | AC | F0 | RS1 | RS0 | OV | — | P |

各位的含义如下。

CY：进位标志，如果发生进位或借位时，CY=1；否则，CY=0。在布尔运算中它作为 C 累加器。

AC:辅助进位标志,当 D3 向 D4 有进位或借位时,AC=1;否则,AC=0。

F0:用户标志,留给用户,由用户置位、复位。

RS1、RS0:工作寄存器区选择,可用软件置位、复位,确定当前的工作寄存器区。

OV:溢出标志。有溢出时 OV=1;否则,OV=0。

P:奇偶标志,用于表示累加器 A 中 1 的个数的奇偶性。

(4)堆栈指针 SP。堆栈是在内存中专门开辟出来并按照"先进后出,后进先出"的原则进行存取的区域。常用来保存断点地址及一些重要信息,堆栈指针 SP 用来指示栈顶的位置。8051 单片机复位后,SP 的初值为 07H,当有数据存入堆栈后,SP 的内容便随之发生变化。

(5)数据指针 DPTR。它是 16 位特殊功能寄存器,主要用于存放外部数据存储器的地址,作为间址寄存器用,也可拆成两个独立的 8 位寄存器——DPH 和 DPL。

## 2. 外部数据存储器

MCS-51 的外部数据存储器和 I/O 口都在这一地址空间,地址空间 64K,它的地址和 ROM 重叠,由 DSEN 选通 ROM,或 OE 选通 RAM。在软件上,用不同的指令从 ROM 和 RAM 中读数据,故不会因地址重叠而出现混乱。

与汇编不同,Keil C 不能用指令来区分寻址方式,它采用了 data、idata 和 xdata 等存储器形式来进行区分。举例如下:

```
char xdata x;    //访问 64kB 范围外部存储器的字符变量。
char data x;     //直接访问 0x00~0x7f 之间的数据存储器变量。
char idata x;    //间接访问 0x80~0xff 之间的数据存储器变量。
```

## 章节总结卡

**项目小结** | 独立思考 | 项目笔记

【项目小结】

本项目一共 6 个任务,需要重点掌握:
1. 单片机的结构及引脚。
2. 仿真软件 Protues 和汇编软件 Keil。
3. 单片机最小系统的结构。
4. 单片机编程所需的 C 语言知识。
5. 单片机存储器的结构及作用。

项目小结 | **独立思考** | 项目笔记

【独立思考】

进行单片机最小应用系统的绘制。并在对方波输出程序进行汇编后,用 Proteus 进行仿真验证。

项目小结　独立思考　**项目笔记**

# 项目二　单片机控制广告灯的设计及制作

| 项目导入 | 项目目标 | 项目内容 |

**【项目导入】**

　　夜晚的商业街上,各种各样的广告灯光彩夺目,变幻无穷,非常好看。那么功能强大的单片机是否能完成广告灯的控制任务呢？本项目的任务就是制作一个用单片机控制的广告灯电路。

　　广告灯是指以LED发光二极管做出来的灯,改变灯的排列或用程序控制灯亮或灭,就可以做成任何一种样式。LED灯主要特点就是省电、寿命长,各种颜色都有。

项目二 单片机控制广告灯的设计及制作

项目导入  项目目标  项目内容

【项目目标】

1. 掌握单片机并行接口用于输出时与外部电路的连接方法。
2. 了解发光二极管工作原理,理解广告灯电路构成,掌握单片机控制广告灯电路的整体构成。
3. 理解应用程序的一般结构,掌握广告灯程序的编程思路。
4. 理解程序流程图的作用,掌握流程图的画法。

项目导入  项目目标  项目内容

【项目内容】

　　本项目的工作任务是采用单片机设计一个简单的广告灯。将单片机的输入输出口与 8 个 LED 灯相连,同时通过改变 I/O 口的数据就可以设计出各种广告灯。

　　通过本项目的学习,学会单片机 I/O 口赋值的基本方法,能够编写简单的 C51 语言程序。在项目一学习的基础上,进行单片机广告灯的任务分析和计划制订、硬件电路和软件程序的设计。完成广告灯的制作、调试和运行演示。

# 任务一  MCS-51 单片机 I/O 端口及 C 语言相关指令

## 一、MCS-51 单片机并行接口

1. P0 口的结构和工作原理

P0 口每一位的结构如图 2-1 所示,它由一个输出锁存器,上下两个三态缓冲器,一个输出驱动电路和一个输出控制电路组成。

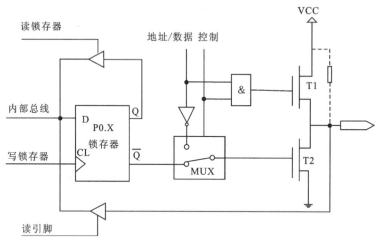

图 2-1  P0 口每一位的结构

从 P0 口输出数据的方法有两种,一种是通过执行以 P0 口为目的操作数的数据传送指令来实现,另一种是通过执行以 P0 口位为目的操作数的位操作指令来实现。分别举例如下:

```
P0= 0x66;    //将立即数 66H 送到 P0 口。
P0_0= 0;     //将 P0.0 清 0。
```

P0 口的主要功能如下:
(1)作为通用 I/O 端口输出数据。使用时注意外接上拉电阻。该功能在前文已介绍过。
(2)作为通用 I/O 端口输入数据。在输入数据时,要先向锁存器写入"1"。
(3)扩展外部设备时,作为低 8 位地址线和 8 位数据线分时复用。

2. P1 口的结构和工作原理

P1 口每一位的结构如图 2-2 所示。由 P1 口的结构图可以得知 P1 口的主要功能是:

(1)作为通用 I/O 端口输出数据。由于 P1 口已有内部上拉电阻,输出数据时不必外接上拉电阻。

(2)作为通用 I/O 端口输入数据。在输入数据时,要先向锁存器写入"1"。

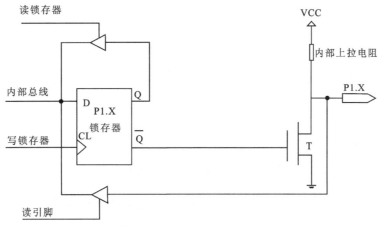

图 2-2　P1 口每一位的结构

3.P2 口的结构和工作原理

P2 口每一位的结构如图 2-3 所示,P2 口的主要功能是:

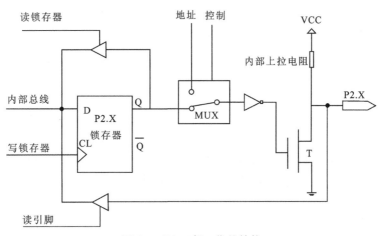

图 2-3　P2 口每一位的结构

(1)作为通用 I/O 端口输出数据。输出数据时可以不外接上拉电阻。
(2)作为通用 I/O 端口输入数据。在输入数据时,要先向锁存器写入"1"。
(3)系统扩展外部设备时,作为高 8 位地址总路线使用。

4.P3 口的结构和工作原理

P3 口每一位的结构如图 2-4 所示,P3 口的主要功能如下:

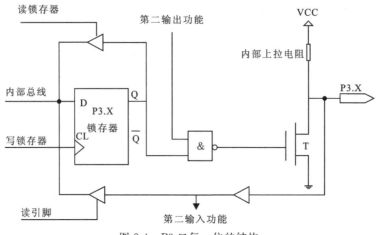

图 2-4　P3 口每一位的结构

(1) 作为通用 I/O 端口输出数据,输出数据时可以不外接上拉电阻。

(2) 作为通用 I/O 端口输入数据。同样,在输入数据时,要先向锁存器写入"1"。

(3) 每位都有专有的第二功能(替代的输入或输出)。

## 二、项目相关 C 语言指令

下面我们进行 C 语言相关知识的介绍,以便顺利地编写项目应用程序。

### 1. Keil C 的预处理命令

预处理命令是指先经过预处理器处理过后,才进行编译的命令。通常,预处理命令放在整个程序的开头。

(1) 文件包含命令。

```
# include 是一个文件包含命令,其功能是将一些必要的头文件加入到程序体中。例如:
# include < reg51.h>    //将头文件 reg51.h 加入到程序体中。
```

(2) 宏定义命令。

```
# define 是一个宏定义命令,它常用来指定常数、字符串或者宏函数的代用标识符。其指令格式
如下:
    # define 代名词 常数(字符串或者宏函数)
例如:
# define outputs P0 //定义使用 outputs 代替 P0。
定义后,当程序中用 P0 口输出时,如 P0= 0xFF 就可以用 outputs= 0xFF 代替。
```

## 2. Keil C 的循环指令

当我们需要将程序流程控制在某个指定的循环里面时,就会用到循环指令,直到符合指定的结束条件才会结束循环。Keil C 提供了 for 语句、while 语句、do-while 语句几种循环指令。

(1)计数循环。

for 语句是一个计数循环语句,其格式如下:

```
for(表达式 1;表达式 2;表达式 3)
{
语句;
…
}
```

其中表达式 1 是循环的初始值,表达式 2 是判断的条件,表达式 3 是循环变量增值,";"为分隔符,不能被省略。举例说明一下。

```
for(int i= 0;i< 8;i+ + )
  {
  …
  }
```

该语句先给 i 置 0,大括号中的语句循环执行 8 次后,i 不小于 8,循环结束。当循环语句中的条件判断部分缺省时,无论另外两个表达式怎么样,这个 for 循环语句都会成为死循环。

若该循环只需要执行一条指令时,可省略大括号。例如:

```
for(int i= 0;i< 8;i+ + )
  P0= i;        // P0= i 循环执行 8 次。
```

若循环未达到跳出条件而需要强制跳出时,可在循环内加入其他条件和 break 指令。例如:

```
for(int i= 0;i< 8;i+ + )
{
…
    if(sw= = 0)break;    //当 sw= 0 时,跳出循环体。
…
}
```

(2)前条件循环。

while 语句将判断条件放在语句开始,称为前条件循环,其特点是先判断再执行。使用格式如下:

```
while(表达式)
{
  语句;
  …
}
```

其中表达式是循环语句的判断条件,当条件满足时,循环执行大括号中的语句;当条件不满足时,循环结束。当表达式条件始终满足时,该语句成为无限循环。

与 for 循环语句一样,若大括号内只有一条指令,则可以省略大括号。若循环未达到跳出条件而需要强制跳出时,可在循环内加入其他条件和 break 指令。

(3)后条件循环。

do while 语句将判断条件放在后面,称为后条件循环,其特点是先执行再判断。格式如下:

```
do  {
    语句;
    …
} while(表达式);
```

在这个循环语句里,会先执行一次循环,再判断表达式条件是否成立,若成立则继续执行循环体语句,若不成立则跳出该循环语句。

### 三、指令周期与延时估算

1. 几个概念

(1)时钟周期:单片机时钟振荡电路的振荡周期。
(2)机器周期:单片机执行一种基本操作所用的时间,1 个机器周期等于 12 个振荡周期。
(3)指令周期:单片机执行一条指令所用的机器周期数。
设单片机系统晶振频率 $f_{soc}=6MHz$,则机器周期$=2\mu s$。

2. 延时程序的延时时间粗略计算

我们可以利用 for 语句和 while 语句的特点编写简单的延时程序,来满足粗略的延时要求。以 6MHz 晶振为例。
(1)利用 for 语句进行简单延时。

```
Void delay(int x)
{
  int i,j;
  for(i=0;i<x;i++)         //计数 x 次,延迟约 x ms
    for(j=0;j<60;j++);     //计数 60 次,延迟约 1ms
}
```

(2)利用 while 语句进行延时。

```
Void delay(unsigned char i)
{
   while(--i);   //约延迟 i*4s
}
```

一般来说,我们用 for 语句来进行相对较长的时间延迟,而用 while 语句来进行相对较短的时间延迟。

# 任务二 广告灯电路的硬件、软件设计

## 一、广告灯电路设计

1. 发光二极管与单片机的连接

由于单片机I/O端口输出高电平时的驱动能力较小,所以常使用低电平驱动方式,即将发光二极管通过限流电阻接于电源正极和单片机I/O端口引脚之间,如图2-5所示。当端口输出0时,发光二极管点亮,当端口输出1时,发光二极管熄灭。

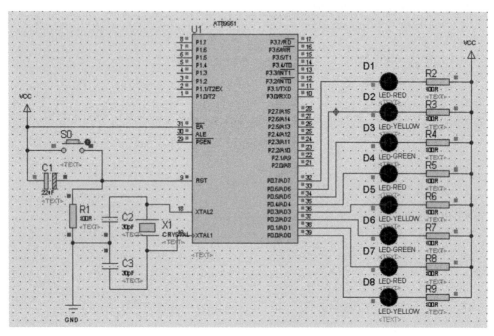

图2-5 广告灯电路仿真原理图

2. 广告灯电路原理图设计

根据上述接线原理,可设计出由P0口输出控制8个发光管模拟广告灯的电路原理图。

3. 元件选择

本项目涉及的元件选择主要有发光二极管和限流电阻两种。

发光管的选择主要考虑颜色、亮度和直径;限流电阻的选择依据是发光管的工作电压和工作电流。

## 二、应用程序设计

1. 项目程序设计

考虑到本项目要求广告灯有两种变化效果,设计第一种变化为8个彩灯反复亮灭效果,第二种变化为流水灯效果。参考程序如下:

(1)控制8个彩灯反复亮灭。

```c
# include < reg51.h>   //定义8051寄存器的头文件
void delay(int);   //声明延时函数
/* * * * * * 以下是主程序 * * * * * * * * * * * * * * */
main()    //主程序开始
{
    P0= 0xFF;   //给P0口赋初值,全灭
    while(1)   //进入死循环
    {
        P0= ~ P0;   //P0口取反
        delay(500);   //延时约0.5s(6MHz晶振)
    }
}   //主程序结束
/* * * * * * * 以下是延时子函数 * * * * * * * * * * * * */
void delay(int x)   //延时函数开始
{
    int i,j;   //声明变量i,j
    for(i= 0;i< x;i+ + )   //计数x次,延迟约x ms(6MHz晶振)
        for(j= 0;j< 60;j+ + );   //计数60次,延迟约1ms(6MHz晶振)
}   //延时函数结束
```

(2)控制8个彩灯产生流水灯效果。

```c
# include < reg51.h>   //定义8051寄存器的头文件
void delay(int);   //声明延时函数
/* * * * * * 以下是主程序 * * * * * * * * * * * * * * */
main()//主程序开始
{
```

```
    while(1)  //进入死循环
{
for(i=0;i<8;i++)//循环8次,控制8个LED
P0=~(0x01<<i)//通过位操作控制LED亮灭
    delay(500);//延时约0.5s(6MHZ晶振)
}
}    //主程序结束
/ * * * * * * * 以下是延时子函数 * * * * * * * * * * * * /
void delay(int x) //延时函数开始
{
  int i,j; //声明变量i,j
  for(i=0;i<x;i++)//计数x次,延迟约xms(6MHZ晶振)
  for(j=0;j<60;j++);//计数60次,延迟约1ms(6MHZ晶振)
}  //延时函数结束
```

### 2. 应用程序的基本结构

为了使应用程序清晰明了,方便编写和修改,我们通过本项目8个彩灯反复亮灭的例子来说明一下应用程序的基本结构。

```
#include<reg51.h>  //预处理命令,定义8051寄存器的头文件
void delay(int);   //声明延时子函数
main()//主函数
{
  ...
  while(1)      //while循环
{
...
delay(500);//在主函数中调用延时子程序
}
}
void delay(int x)    //延时子程序
{
  int i,j;       //声明整型变量i,j
  ...
```

(1)一个C语言源程序可以由一个或多个源文件组成。每个源文件可以由一个或多个函数组成。

(2)一个源程序不论由多少个文件组成,都有一个且只有一个main()函数即主函数。在对程序进行编译时,编译程序会找到main()函数作为程序的入口来编译程序。

(3)源程序中可以有预处理命令("#include"命令只是其中的一种),预处理命令通常放在源文件或源程序的最开始位置。

(4)每个声明以及每一个语句都必须用分号结尾。但预处理命令,函数头和大括号"{}"后不可以有分号。标示符、关键字之间必须至少加一个空格来间隔。

C程序的结构相对比较灵活,在学习的过程中可详细了解它的构成。

### 三、程序流程图绘制

对于较简单的程序,经过构思后,可以直接编写源程序,而对于较复杂的程序,往往不能直接完成源程序的编写,为了能把复杂的工作条理化、直观化,通常在编写程序之前先设计流程图。所谓流程图,就是用矩形框、菱形框和半圆弧形框来表示求解某一特定问题或实现某一特定功能的步骤或过程。这些矩形、菱形、半圆弧形框通常用箭头线连接起来,以表示实现这些步骤或过程的顺序,这样的图形称为流程图。

有了流程图以后,就可以按流程图中提供的步骤或过程选择合适的指令,一步一步地编写程序。软件延时子程序流程如图2-6所示。

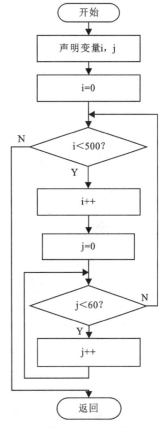

图2-6 软件延时子程序流程图

# 任务三　广告灯电路的计算机仿真

## 一、使用 Proteus 绘制仿真电路图的步骤

(1)将所需元器件加入到对象选择器窗口。

广告灯电路硬件如图 2-7 所示。AT89S51 用 AT89C51 代替,红色发光二极管、黄色发光二极管、绿色发光二极管的英文符号分别是"LED-RED""LED-YELLOW""LED-GREEN";电阻、电容、电解电容、按键、晶振的英文符号分别是"RES""CAP""CAP-ELEC""BUTTON""CRYSTAL"。

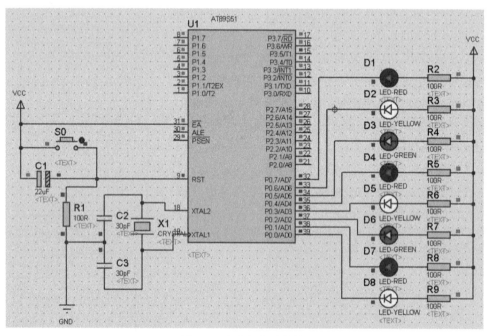

图 2-7　广告灯电路硬件

(2)放置元器件至图形编辑窗口。

(3)移动、删除对象和调整对象朝向。

(4)放置电源及接地符号。

(5)元器件之间的连线。

(6)编辑对象的属性设置元件参数。

## 二、使用 Keil 进行程序汇编的步骤

1. 源文件的建立

点击菜单"File—New…"或者点击工具栏的新建文件按钮,即可在项目窗口的右侧打开一个新的文本编辑窗口,在该窗口中输入 C 语言源程序。

输入源程序后,保存该文件,注意必须加上扩展名.c。

2. 建立工程文件

点击"Project—New Project…"菜单,出现一个对话框,要求给将要建立的工程起一个名字。

3. 工程的设置(针对单片机制作项目进行简单设置)

工程建立好以后,首先右击左边 Project 窗口的 Target 1,弹出下拉菜单,点击"Option for target'target1'"即出现设置工程的对话框。

设置对话框中的 OutPut 页面,这里面也有多个选择项,其中 Creat HEX File 用于生成可执行代码文件(可以用编程器写入单片机芯片的目标文件,文件的扩展名为.hex),默认情况下该项未被选中,如果要写片做硬件实验,就必须选中该项,这一点是初学者易疏忽的,在此特别提醒注意。

4. 编译、连接

在设置好工程后,即可进行编译、连接。点击 Build target 按钮,对当前工程进行连接,如果当前文件已修改,软件会先对该文件进行编译,然后再连接以产生目标代码。

编译过程中的信息将出现在输出窗口的 Build 页中,如果源程序中有语法错误,会出现错误报告。

# 任务四　广告灯的制作与调试

## 一、认识项目相关元件及元件测试

本项目制作在项目一的基础上完成。本项目的相关元件除项目一所用元件外,增加了一些电阻和发光管。由学生识别各相关元件并用万用表对相关元件进行测试。

## 二、元件布局设计及电路接线图

### 1. 布局设计

由学生依据电路原理图,并根据电路元件实际进行电路布局设计。放置元件时应考虑方便接线,并兼顾美观大方。

### 2. 绘制电路接线图

各小组根据所设计的布局图并依据电路原理图进行电路接线图绘制,接线图必须按元件的实际位置绘制,接线图绘制完成后,要妥善保存。

## 三、按元件高低层次依次进行插装与焊接

(1) 限流电阻的插装与焊接。
(2) 发光管的插装与焊接。

## 四、电路连接

(1) 根据电路接线图进行各元件之间的连接。
(2) 完成各元件的连接后,将电源线引出或将 USB 底座焊接在电路板上,使用电脑上的 5V 电源。往届同学的制作成品如图 2-8 所示。

## 五、硬件电路调试

(1) 通电之前,先用万用表检查各电源线与地线之间是否有短路现象,测试 40 脚 IC 插座各脚对地电阻值并记录,分析各电阻值是否合理。若发现有不合理值,则要进行分析查找及处理。

(2) 不插单片机芯片,接通电源,检查所有插座或器件的电源端是否有符合要求的电压值,如发现电压值偏离较多,应立即中断供电并检查处理。测试接地端电压是否为 0V,测试 40 脚 IC 插座各脚对地电压并记录,分析各电压值是否合理。

(3) 在不插上单片机芯片时,模拟单片机输出低电平(将对应引脚接地),检查相应的外部

电路是否正常(观察发光二极管是否已点亮)。

(4)插入单片机芯片,接通电源后,可以通过测试18、19、30脚的直流电位初步判定单片机最小系统是否已经正常工作。

(5)用示波器测试18、19、30引脚的波形图。如图2-9所示。

图 2-8　元件制作成品图

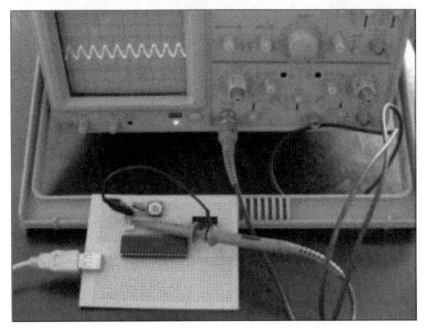

图 2-9　用示波器测试18、19、30引脚的波形图

## 六、写入应用程序试运行

先由老师示范程序写入的操作步骤,再由学生动手实际操作,根据硬件电路实际对应用程序进行修改后,编译生成目标文件写入单片机芯片进行运行调试。程序写入器与电路板的连接如图 2-10 所示。

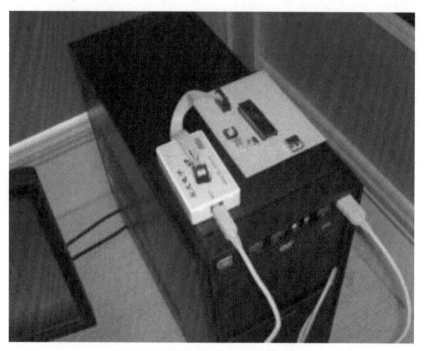

图 2-10　程序写入器与电路板的连接图

系统运行正常后,再对应用程序进行修改,让广告灯展现出更多的变化花样。

# 章节总结卡

**项目小结** | 独立思考 | 项目笔记

【项目小结】

本项目一共 4 个任务，重点需要掌握：
1. MCS-51 单片机并行接口的使用方法。
2. 项目相关 C 语言指令的作用及使用方法。
3. 单片机并行接口用于输出时与外部电路的连接方法。
4. 应用程序的一般结构，广告灯程序的编程思路。
5. 相关指令的使用及广告灯电路应用程序。

项目小结 | **独立思考** | 项目笔记

【独立思考】

  观察现实中广告灯的变化情况，通过改写程序，完成不同的灯光效果。比一比，看谁制作的变化效果又多又好。

项目小结 | 独立思考 | **项目笔记**

# 项目三　单片机控制电动机正反转电路的制作

| 项目导入 | 项目目标 | 项目内容 |

【项目导入】

电动机的正反转在日常使用中应用广泛。例如行车、木工用的电刨床、台钻、刻丝机、甩干机、车床等。我们之前学习过PLC控制电动机的正反转,那么单片机可不可以控制电动机的正反转呢?

本项目就来学习如何用单片机控制电动机正反转。

项目导入　**项目目标**　项目内容

**【项目目标】**

1. 了解光耦的工作原理,掌握光耦与单片机的连接方法。
2. 理解直流电动机正反转控制原理。
3. 掌握按键与单片机的连接方法及键开关去抖动方法。
4. 掌握电动机正反转控制电路设计。

项目导入　项目目标　**项目内容**

**【项目内容】**

　　本项目要用单片机对直流电动机进行正反转控制,通过学习光耦合直流电动机的原理,掌握电动机正反转的硬件电路设计;通过对 C 语言相关知识点的学习,掌握电动机正反转的软件设计。完成电动机正反转控制电路的制作、调试和运行演示。

# 任务一　项目相关知识学习

单片机控制系统一般由三大部分构成,即输入部分(外部信息的采集、向单片机发布控制信息等)、运算处理部分(由单片机系统构成)和输出控制部分(将运算处理结果输出控制相应机构)。单片机系统的电源为+5V电压,而输入输出部分的电源电压通常是不等于+5V的,如果直接通过电阻耦合在一起会导致输入输出部分相互干扰,从而影响单片机控制系统的正常工作,所以常需要进行隔离,目前常用隔离方法是光电隔离和继电器隔离。

## 一、光耦的工作原理

光电耦合器也称光电隔离器,简称光耦,如图 3-1 所示。光耦的种类很多,单片机控制系统常用的光耦接线方式有两种,其接线图如图 3-2 所示。输入端未接电源(a)和正向电压(b)如图 3-3 所示。

图 3-1　光耦

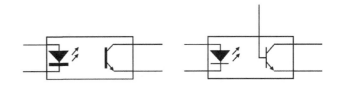

图 3-2　光耦接线图

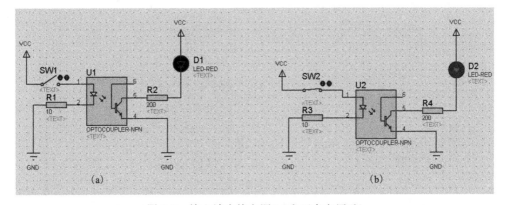

图 3-3　输入端未接电源(a)和正向电压(b)

光电耦合器的主要优点:信号单向传输,输入端与输出端完全实现了电气隔离,输出信号对输入端无影响,抗干扰能力强,工作稳定,无触点,使用寿命长,传输效率高。

## 二、光耦与单片机的连接

光耦与单片机的连接方法如图 3-4 所示。图中 U1 是光耦作为输入隔离器的接线方法，R3 为输入限流电阻，R1 为负载电阻；U2 是光耦作为输出隔离器的接线方法，R2 为限流电阻，R4、D1 为输出端模拟负载。

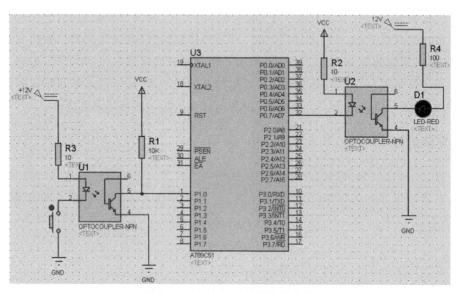

图 3-4 光耦与单片机的连接方法

## 三、直流电动机正反转控制原理

图 3-5 是永磁式直流电动机的正反转控制电路示意图，由两个开关 SW1、SW2 的状态来控制电动机的正反转及停止。

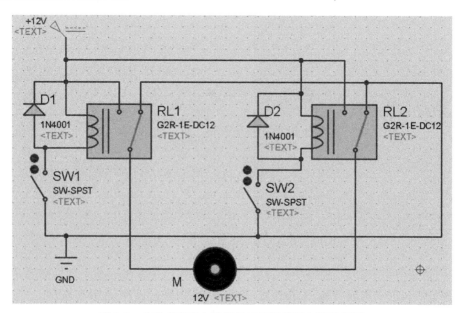

图 3-5 永磁式直流电动机的正反转控制电路示意图

## 四、MCS-51 单片机输入/输出端口的使用

1. 从单片机输入/输出端口输出数据的方法

通过项目二的制作学习,对 P0~P3 口的结构及工作原理有了基本了解。P0 口作为输出口使用时,要外接上拉电阻,而 P1~P3 则不需外接上拉电阻,由 P1~P3 口输出数据的方法与由 P0 口输出数据的方法相似,即执行以端口为目标操作数的指令。例如:

```
P1= 0x66;    //将立即数送到 P1 口输出。
P2= a1;      //将变量 a1 的值送到 P2 口输出。
P3_0= 0;     //将 P3.0 清 0(使用前要先定义)。
```

2. 从单片机输入/输出端口输入数据的方法

从 P0~P1 口输入数据前,要先向相应锁存器写 1(即执行向端口输出 1 的指令),端口数据准备好后,执行以端口为源操作数的指令即可完成数据输入(按键的开合状态可以作为数据输入),举例如下:

```
P1= 0xff;    //输入数据之前向端口写入 1。
a1= P1;      //将 P1 口数据送给变量 a1。
```

3. 按键的查询方式

按键的查询方式是 CPU 通过主动查询来获取端口信息的方式,常常通过执行位判断转移指令来查询端口按键的开合信息。按键与单片机的连接如图 3-6 所示,当开关 S1 或 S2 被按下时,相应的引脚与地相连而变成低电平"0",当 S1 或 S2 不被按下时,相应的引脚为高电平"1"。执行位判断指令时,通过判断相应引脚是 1 还是 0 来判断按键是开还是合。

4. 键开关的去抖动方法

机械触点开关的闭合和断开瞬间均有抖动过程,一般为 5~10ms,如图 3-7 所示。当 CPU 检测到有键按下时,必须对按键的一次闭合仅作一次处理,因此,必须除去抖动影响。

通常去抖动有硬件、软件两种方法。用硬件去抖动的方法通常是用 RS 触发器组成的去抖动电路,如图 3-8 所示。

当开关闭合时,输出为低电平,在开关抖动期间,弹簧片可能和 $A$、$B$ 两点均不接触,RS 触发器保持原来状态,因此消除了开关抖动的影响。

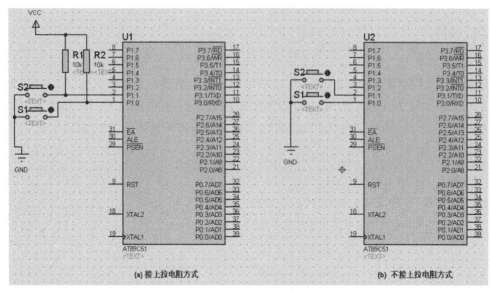

图 3-6　按键与单片机的连接示意图

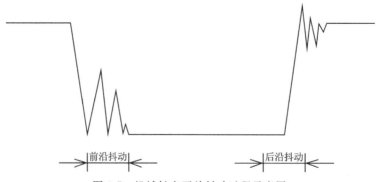

图 3-7　机械触点开关抖动过程示意图

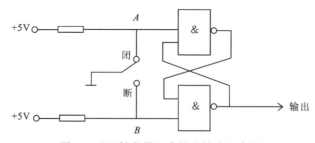

图 3-8　RS 触发器组成的去抖动电路图

软件去抖动的办法是 CPU 检测到有键按下时，延迟 5～10ms（让过抖动时间）后，再去检测按键是否按下，若再次检测时无键按下，则不执行键闭合操作，若再次检测时有键按下，则执行相应键闭合操作。

# 任务二  电动机正反转控制电路硬件、软件设计

本项目的任务要求是：P1 口作为输入口，外接 4 个按键用来输入控制命令。P0 口作为输出口，P0 口低 4 位直接驱动 4 个发光二极管，P0 口高位通过隔离输出控制直流电动机正反转。要求：①S1 作为控制电路总开关，点按 S1 之前 S2、S3、S4 均不起作用，点按 S1 后，再点按 S2（或 S3、S4）完成相应控制功能；按键 S2、S3 的作用是使电动机正反转；按键 S4 的作用是使电动机停止。②用 4 个发光二极管来指示系统工作状态。

## 一、电动机正反转控制电路设计

### 1. 电动机正反转控制电路原理图设计

根据项目要求和前面所学相关知识，可分别对电路各部分进行设计。比如按键部分、发光管部分、隔离输出部分、电动机正反转控制部分等。比较难的是隔离输出驱动部分的设计及理解。整机电路原理如图 3-9 所示。

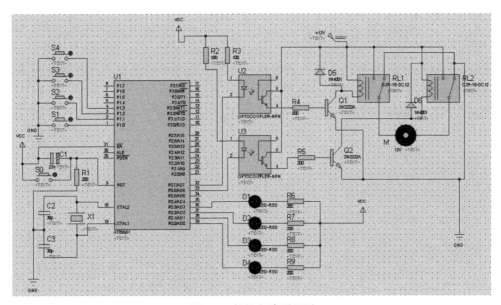

图 3-9  整机电路原理图

### 2. 元件选择

（1）复习晶振电路元件及复位电路元件的选择。

（2）学习发光二极管电路元件选择。

（3）学习光电隔离电路及电动机正反转控制电路元件的选择。

其中：

保护二极管： 1N4001

 光  耦： TLP521-1

 继电器： Relay

 三极管： 9013

 电动机： 12V 工作电压

## 二、C 语言指令——if 语句、switch 语句

1. if 语句

if 语句用来判定所给的条件是否满足来决定执行哪种操作。if 语句有 3 种基本形式——"if…""if…else""嵌套的 if…else"。

(1) if…语句格式如下：

```
if(条件表达式)
{
语句；
}
```

该语句的执行过程是：如果条件为真则执行下面大括号中的语句，否则(条件不成立)跳过 if 语句，直接执行 if 语句的下一条语句。

(2) if…else 语句格式如下：

```
if(条件表达式)
{
语句 1；
}
else
{
语句 2；
}
```

该语句的执行过程是：如果条件为真，执行语句 1，否则(条件不成立)，执行语句 2。

(3) 嵌套的 if…else…语句格式如下：

```
if(条件表达式 1)
{
语句 1;
}
else if(条件表达式 2)
{
语句 2;
}
…
else if(条件表达式 n)
{
语句 n;
}
else
{
语句 n+1;
}
```

该形式的 if 语句执行过程是:从上向下逐一对 if 后的条件表达式进行检测,当检测到某一表达式的值为真时,就执行相应的语句。如果所有表达式的值均为假,则执行最后的 else 语句。这种形式的 if 语句可以实现多种条件的选择。

在后两种 if 语句中,注意 if 与 else 的配对,else 总是与最近的 if 配对。

2. switch 语句

switch 语句也称为开关语句,是直接处理多分支的选择语句。虽然用多个 if 语句可以实现多方向条件分支,但是,使用过多的 if 语句实现多方向分支会使条件语句嵌套过多,读起来也不好理解。如果使用 switch 语句,不但可以达到处理多分支选择的目的,而且可以使程序结构清晰。switch 语句的格式如下:

```
switch(表达式)
{
case 常量表达式 1:语句 1;break;
case 常量表达式 2:语句 2;break;
…
case 常量表达式 n:语句 n;break;
default:break;
}
```

运行时,switch 后面的表达式的值将会作为条件,与各个 case 后面的常量表达式的值相对比,如果相等时则执行该 case 后面的语句,再执行 break 语句跳出 switch 语句;如果 case 没有和条件相等的值时,就执行 default 后的语句;同时要求在 switch 语句中所有的常量表达式必须不同。应用举例如下:

设 S1、S2、S3 分别接单片机的 P1.0、P1.1、P1.2。当 S1 按下时,调用函数 hs1;当 S2 按下时,调用函数 hs2;当 S3 按下时,调用函数 hs3。程序如下:

```
main()
{
unsigned char i;
while(1)
{
i= P1;
switch(i)
{
case 0xfe:sh1();break;
case 0xfd:sh2();break;
case 0xfb:sh3();break;
default:break;
}
}
}
```

### 三、应用程序流程图绘制及程序设计

1. 流程图绘制

根据项目要求,设计本项目的主程序流程如图 3-10 所示。

2. 程序设计

根据流程图进行程序设计,头文件及定义部分如下:

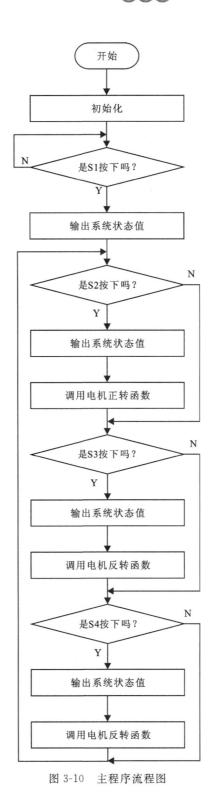

图 3-10 主程序流程图

```c
# include < reg51.h>   // 包含单片机寄存器的头文件
sbit S1= P1^0;        //定义 S1 为 P1.0 引脚
sbit S2= P1^1;
sbit S3= P1^2;
sbit S4= P1^3;
sbit led1= P0^3;
sbit led2= P0^2;
sbit led3= P0^1;
sbit led4= P0^0;
sbit zheng= P0^6;
sbit fan= P0^7;
/* * * * * * * * * 以下是电机正转函数* * * * * * * */
void djzz()
{
fan= 1; zheng= 1;//使 P2.6,P2.6 为 1,电机停,为正转准备
delay02s();//调用延时
zheng= 0;    //使 P2.6= 0,电机正转
}
```

# 任务三　电动机正反转控制电路的计算机仿真

## 一、使用 Proteus 绘制仿真电路图的步骤

参照图 3-11 进行仿真电路绘制。

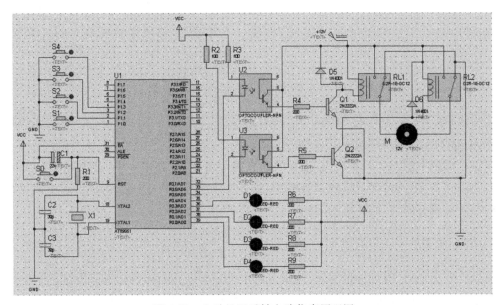

图 3-11　电动机正反转电路仿真原理图

(1)将所需元器件加入到对象选择器窗口。

AT89S51 用 AT89C51 代替,红色发光二极管、黄色发光二极管、绿色发光二极管的英文符号分别是"LED-RED""LED-YELLOW""LED-GREEN";电阻、电容、电解电容、按键、晶振的英文符号分别是"RES""CAP""CAP-ELEC""BUTTON""CRYSTAL";光耦、三极管、继电器、二极管、直流电动机的英文符号分别是"OPTOCOUPLER""2N222A""G2R-1E""1N4001""MOTOR"。

(2)放置元器件至图形编辑窗口。

(3)移动、删除对象和调整对象朝向。

(4)放置电源及接地符号。

(5)元器件之间的连线。

(6)编辑对象的属性设置元件参数。

## 二、使用 Keil 进行程序汇编的步骤

1. 源文件的建立

点击菜单"File—New…"或者点击工具栏的新建文件按钮,即可在项目窗口的右侧打开一个新的文本编辑窗口,在该窗口中输入汇编语言源程序。

输入源程序后,保存该文件,注意必须加上扩展名 .c。

2. 建立工程文件

点击"Project—New Project…"菜单,出现一个对话框,要求给将要建立的工程起一个名字。

3. 工程的设置(针对我们的单片机制作项目进行简单设置)

工程建立好以后,首先右击左边 Project 窗口的 Target 1,弹出下拉菜单,点击"Option for target'target1'"即出现对工程设置的对话框。

设置对话框中的 Out Put 页面,这里面也有多个选择项,其中 Creat HEX File 用于生成可执行代码文件,默认情况下该项未被选中,如果要写片做硬件实验,就必须选中该项,这一点是初学者易疏忽的,在此特别提醒注意。

4. 编译、连接

在设置好工程后,即可进行编译、连接。点击"Rebuild All target files"按钮,将会对当前工程中的所有文件重新进行编译后再连接,确保最终生产的目标代码是最新的。

编译过程中的信息将出现在输出窗口中的 Build 页中,如果源程序中有语法错误,会有错误报告出现。

## 任务四　电动机正反转控制电路的制作与调试

### 一、认识项目相关元件及元件测试

(1)复习发光二极管、电阻、按键等测试方法并进行操作练习。
(2)讨论继电器测试方法并进行测试。
(3)讨论三极管测试方法并进行测试。
(4)讨论光耦测试方法并进行测试。

### 二、元件布局设计及电路接线图

1. 布局设计

由学生依据电路原理图,并根据电路元件实际进行电路布局设计。元件布局设计时应考虑方便接线,并兼顾美观大方。

2. 绘制电路接线图

各小组根据所设计的布局图并依据电路原理图进行电路接线图绘制,接线图必须按元件的实际位置绘制,接线图绘制完成后,要妥善保存。

### 三、按元件高低层次依次进行插装与焊接

(1)40脚IC插座插装与焊接。
(2)晶振、电容、电阻、二极管的插装与焊接。
(3)按键、电解电容、数据线插座的插装与焊接。
(4)光耦、三极管的插装与焊接。
(5)继电器的插装与焊接。
(6)直流电动机的固定与连接。往届同学制作成品如图3-12所示。

### 四、电路连接

(1)根据电路接线图进行各元件之间的连接。
(2)完成各元件的连接后,将电源线引出或将USB底座焊接在电路板上,使用电脑上的5V电源。

### 五、硬件电路调试

(1)通电之前,先用万用表检查各电源线与地线之间是否有短路现象,测试40脚IC插座

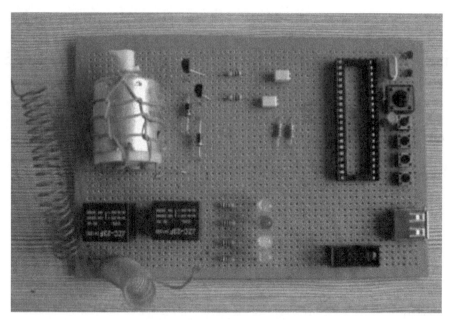

图 3-12 制作成品图

各脚对地电阻值并记录,分析各电阻值是否合理。若发现有不合理值,则要进行分析查找及处理。点按控制按键,测量相应引脚电阻是否为 0。

(2)不插单片机芯片,接通电源,检查所有插座或器件的电源端是否有符合要求的电压值,如发现电压值偏离较多,应立即中断供电并检查处理。测试接地端电压是否为 0V,测试 40 脚 IC 插座各脚对地电压并记录,分析各电压值是否合理。

(3)在不插上单片机芯片时,接通电源,模拟单片机输出低电平(将对应引脚接地),检查相应的外部电路是否正常(观察发光二极管是否已点亮)。

(4)在不插上单片机芯片时,接通电源,测试三极管各极电位,分析是否正常;模拟单片机输出低电平,检查相应外部电路是否正常(继电器是否动作,电动机是否转动)。

## 六、写入应用程序试运行

学生动手实际操作,根据硬件电路实际对应用程序进行修改后,编译生成目标文件写入单片机芯片进行运行调试。

运行正常后,再对应用程序进行修改以期能够更好地对电动机进行控制。

若正常写入程序,接通电源后,系统不能正常工作,可以通过测试 18、19、30 脚的直流电位初步判定单片机最小系统是否已经正常工作。

# 章节总结卡

**项目小结** | 独立思考 | 项目笔记

【项目小结】

　　本次项目主要学习电动机正反转控制的硬件电路设计和软件设计,涉及光耦电路和直流电动机的工作原理,以及按键的使用方法和消除抖动的方法。

项目小结 | **独立思考** | 项目笔记

【独立思考】

　　本项目完成了电动机启动、停止及正反转,思考如何对电动机进行调速?

项目小结　独立思考　**项目笔记**

# 项目四  单片机控制防盗报警器电路制作

项目导入 | 项目目标 | 项目内容

【项目导入】

  在单片机控制系统中,对于有可能发生,但又不能确定其是否发生、何时发生的事件处理,通常采用中断方式处理。比如盗窃事件。为了解决这个问题,本次项目学习防盗报警器的设计。

项目导入　项目目标　项目内容

【项目目标】

　　1. 掌握中断系统的作用和用法。
　　2. 掌握中断系统应用C语言程序编写方法。
　　3. 掌握防盗报警器电路的硬件设计和软件编程方法。

项目导入　项目目标　项目内容

【项目内容】

　　通过学习单片机中断系统和对防盗报警器的功能分析,完成单片机控制防盗报警器电路的整体设计。

# 任务一 MCS-51 单片机中断系统学习

## 一、中断的基本概念

将正在执行的程序暂停,转而去执行另一程序的过程称为中断。

中断系统是单片机的重要组成部分,它使单片机具有实时中断处理能力,能进行实时控制、故障自动处理等。下面介绍中断系统的几个基本概念。

1. 中断源

中断源是指能够发出中断请求信号的来源。

2. 中断的开放与关闭

所谓中断开放(也称开中断),就是允许 CPU 接受中断源提出的中断请求。所谓中断的关闭(也称关中断),就是不允许 CPU 接受中断源提出的中断请求。

3. 中断优先级控制

对于有多个中断源的单片机系统,对中断源进行响应的先后次序必须事先设定,即中断优先级控制。

4. 中断处理过程

中断处理过程可归纳为中断请求、中断响应、中断处理和中断返回四部分。

## 二、MCS-51 单片机的中断系统

MCS-51 单片机中断系统的结构如图 4-1 所示,由 5 个中断源,4 个用于中断控制的专用寄存器 TCON、SCON、IE 和 IP 及优先级硬件查询电路构成。

1. 中断源和中断请求标志

MCS-51 单片机的 5 个中断源及中断请求标志见表 4-1,其中两个是外部中断源,另外 3 个属于内部中断源。

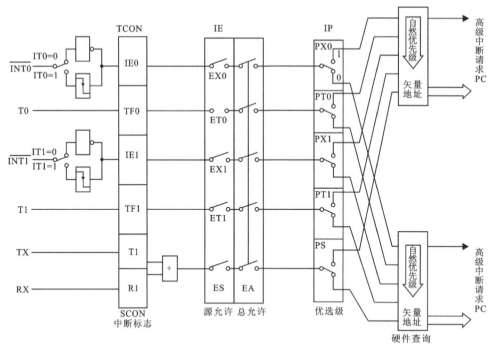

图 4-1　MCS-51 单片机中断系统的结构框图

表 4-1　MCS-51 单片机的 5 个中断源及中断请求标志

| 中断源 | 说明 | 标志 |
| --- | --- | --- |
| 外部中断 0($\overline{INT0}$) | 从 P3.2 引脚输入的中断请求 | IE0 |
| 定时器/计数器 T0 | 定时器/计数器 T0 溢出发出的中断请求 | TF0 |
| 外部中断 1($\overline{INT1}$) | 从 P3.3 引脚输入的中断请求 | IE1 |
| 定时器/计数器 T1 | 定时器/计数器 T1 溢出发出的中断请求 | TF1 |
| 串行口 | 串行口发送、接收时产生的中断请求 | TI、RI |

MCS-51 的 5 个中断源的中断请求(标志位)位于定时器控制寄存器 TCON 和串行口控制寄存器 SCON 中，TCON 及 SCON 中各位的名称如表 4-2、表 4-3 所示。

表 4-2　TCON 中各位的名称

| TCON 位 | D7 | D6 | D5 | D4 | D3 | D2 | D1 | D0 |
| --- | --- | --- | --- | --- | --- | --- | --- | --- |
| 位名称 | TF1 | TR1 | TF0 | TR0 | IE1 | IT1 | IE0 | IT0 |

表 4-3　SCON 中各位的名称

| SCON 位 | D7 | D6 | D5 | D4 | D3 | D2 | D1 | D0 |
|---|---|---|---|---|---|---|---|---|
| 位名称 | — | — | — | — | — | — | TI | IR |

对 TCON 和 SCON 中与中断有关的位说明如下。

TF1(TF0)：定时器/计数器 T1(T0)的溢出中断请求标志位，当 T1/T0 计数产生溢出时，由硬件将 TF1(TF0)置 1，向 CPU 请求中断。当 CPU 响应其中断后，由硬件将 TF1(TF0)自动清 0。

IE1(IE0)：外部中断 1(外部中断 0)的中断请求标志位。IE1(IE0)＝1，表示外部中断 1(外部中断 0)请求中断，当 CPU 响应其中断后，由硬件将 IE1(IE0)自动清 0；IE1(IE0)＝0，表示外部中断没有请求中断。

IT1(IT0)：外部中断 1(0)的中断触发方式控制位。若将 IT1(IT0)置 0，则外部中断 1(0)为电平触发方式。若将 IT1(IT0)置 1，则外部中断 1(0)为边沿触发方式。

TI：串行口发送中断请求标志位。当串行口发送完一帧数据后，由硬件将 TI 置 1，向 CPU 请求中断。CPU 响应中断后，必须用软件将 TI 清 0。

RI：串行口接收中断请求标志位。当串行口接收完一帧数据后，由硬件将 RI 置 1，向 CPU 请求中断。CPU 响应中断后，必须用软件将 RI 清 0。

2．中断的开放和关闭

MCS-51 单片机中断的开放与关闭是由中断允许寄存器 IE 的相应位控制的。IE 中各位的名称如表 4-4 所示。

表 4-4　IE 中各位的名称

| IE 位 | D7 | D6 | D5 | D4 | D3 | D2 | D1 | D0 |
|---|---|---|---|---|---|---|---|---|
| 位名称 | EA | — | — | ES | ET1 | EX1 | ET0 | EX0 |

IE 中各位的定义如下。

EA：中断允许总控制位。EA＝1 时，开放所有的中断请求，但是否允许各中断源的中断请求，还要取决于各中断源的中断允许控制位的状态。

ES：串行口中断允许位。

ET1(ET0)：定时器 T1(T0)中断允许位。

EX1(EX0)：外部中断 1(0)中断允许位。

中断允许位为 0 时关闭相应中断，为 1 时开放相应中断。单片机系统复位后，IE 中各中断允许位均被清 0，即关闭所有中断。如需要开放相应中断源，则应使用软件进行置位。例如开放外部中断 0 和定时器 1，可使用如下指令：

```
    EA= 1;        //开放总允许
    EX0= 1;       //开放外部中断 0 中断
    ET1= 1;       //开放定时器 1 中断
    或者
      IE= 0x85;   //将相应位置1,开放相应中断
```

3. 中断源的优先级控制

51 单片机的中断源可设置为两个中断优先级:高优先级中断和低优先级中断,从而可实现两级中断嵌套。IP 中各位的位名称如表 4-5 所示。

表 4-5　IP 中各位的位名称

| IP 位 | D7 | D6 | D5 | D4 | D3 | D2 | D1 | D0 |
|---|---|---|---|---|---|---|---|---|
| 位名称 | — | — | — | PS | PT1 | PX1 | PT0 | PX0 |

IP 中各位的定义如下。

PT0(PT1):定时器 0(1)的中断优先级控制位。

PX1(PX0):外部中断 1(0)的中断优先级控制位。

PS:串行口的中断优先级控制位。

中断控制位为 1 时,相应中断为高优先级,为 0 时相应中断为低优先级。可以通过指令将相应位置 1 或清 0。单片机复位后,IP 全部清 0。

4. 响应中断的条件

单片机响应中断时,必须满足以下几个条件:
(1)有中断源发出中断请求。
(2)中断允许总控制位及申请中断的中断源的中断允许位均为 1。
(3)没有同级别或更高级别的中断正在响应。
(4)必须在当前的指令执行完后,才能响应中断。若正在执行 RETI 或访问 IE、IP 的指令,则必须再另外执行一条指令后才可以响应中断。

5. 中断响应遵循的规则

中断响应遵循:先高后低,停低转高,高不理低、自然顺序。

自然优先级按从低到高的顺序是:串行口→定时器 T1→外部中断 1→定时器 T0→外部中断 0。

6. 中断响应过程

CPU 响应中断时,由硬件自动执行如下操作:

(1) 保护断点,即把程序计数器 PC 的内容压入堆栈保存。
(2) 内部硬件可清除的中断请求标志位(IE0、IE1、TF0、TF1)。
(3) 将被响应的中断源的中断服务程序入口地址送入 PC,从而转移到相应的中断服务程序执行。

各中断源中断服务程序入口地址如表 4-6 所示。从 CPU 检测到中断请求信号到转入中断服务程序入口地址所需的时间称为中断响应时间。中断响应时间一般为 3~8 个机器周期。

表 4-6 各中断源中断服务程序入口地址

| 中断源 | 入口地址 | C 语言中断编号 |
| --- | --- | --- |
| 外部中断 0($\overline{INT0}$) | 0003H | 0 |
| 定时器/计数器 T0 | 000BH | 1 |
| 外部中断 1($\overline{INT1}$) | 0013H | 2 |
| 定时器/计数器 T1 | 001BH | 3 |
| 串行口 | 0023H | 4 |

7. 中断系统应用注意事项

在应用中断系统时应在设计硬件和软件时考虑解决如下问题:
(1) 明确任务,确定采用哪些中断源及中断触发方式。
(2) 中断优先级分配。
(3) 中断服务程序要完成的任务。
(4) 程序初始化设置即开放相关中断源。

# 任务二　中断系统应用
## ——防盗报警器电路硬件、软件设计

本项目的任务要求是：①用一个控制开关启动进入防盗状态,开关闭合经50s延时后,进入防盗状态。当断线报警电路发出报警请求信号后,若50s内没有正确的密码输入,单片机即输出报警信号。一旦报警,单片机不能复位,只能用断电复位。②防盗状态的退出由4个控制开关的状态来控制,用4个控制开关状态作为密码数据输入,主人进入后,在50s内将控制开关置于正确状态(输入正确密码),则防盗报警器电路退出防盗状态。

### 一、防盗报警器电路设计

1. 防盗报警器电路构成方案设计

根据项目要求,本项目硬件由键开关电路、单片机最小应用系统、灯光报警电路和断线报警触发电路构成。

2. 电路设计

根据电路构成方案,对各组成部分进行设计。键开关采用拨码开关;灯光电路用发光二极管代替;断线报警触发电路可由三极管及相关元件构成。硬件电路原理如图4-2所示。

3. 元件选择

(1)复习晶振电路元件及复位电路元件的选择。
(2)复习发光二极管电路元件选择。
(3)学习断线报警触发电路元件的选择。
其中：
　　三极管：　　　9013
　　断线模拟开关:自锁按键
　　基极电阻:2K
　　集电极电阻:10K

### 二、应用程序编写

(1)应用程序流程图绘制。

本项目采用8个发光二极管全部反复亮灭闪烁来报警,S1～S4输入的正确密码设为0011(闭合为0,断开为1)。主程序和中断服务程序流程如图4-3所示。

项目四 单片机控制防盗报警器电路制作

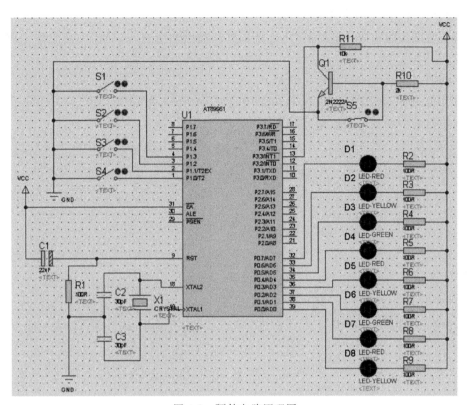

图 4-2 硬件电路原理图

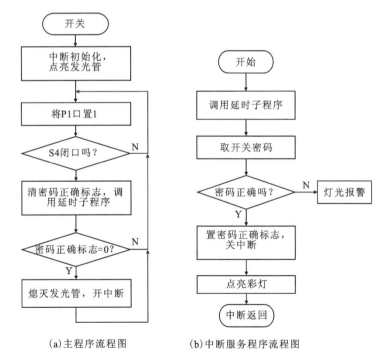

(a) 主程序流程图　　(b) 中断服务程序流程图

图 4-3 主程序和中断服务程序流程图

(2)程序设计。

根据流程图编写程序。延时函数、灯光报警函数由学生自行编写,中断服务子程序编写说明如下。

①中断服务函数(子程序)定义格式:

void 中断服务函数名(void) interrupt 中断编号。

②本项目的中断服务函数编写如下:

```
void int1() interrupt 2   //外部中断1的中断编号为2
{
delay2(20);       //延时50s
if(P1! = 0xf3)    //输入密码错误则报警
{
dgbj();
}
else              //输入密码正确
{
EX1= 0;
P0= 0x00;
F0= 1;            //设置密码正确标志
}
}
```

根据流程图编写的主程序如下:

```
void main()
{
P0= 0x00;        //点亮彩灯
PX1= 1;          //设置中断高优先级
IT1= 0;          //设置中断电平触发方式
EA= 1;           //开总中断位
while(1)         //主程序大循环
{
do               //等待S4闭合
  {
  P1= 0xff;
  }
```

```
while(S4= = 1);
F0= 0;            //清密码标志
delay1(20);   //延时50s
if(F0= = 0&S4= = 0) //S4闭合则进入防盗状态
   {
    P0= 0xff;      //熄灭彩灯
    EX1= 1;        //开中断
   }
  }
}
```

(3)讨论应用程序可否进行修改。
(4)扩展中断源的方法。

# 任务三  防盗报警器电路的计算机仿真

## 一、使用 Proteus 绘制仿真电路图的步骤

参照上次课设计的防盗报警器电路原理图(图 4-4)进行仿真电路绘制。

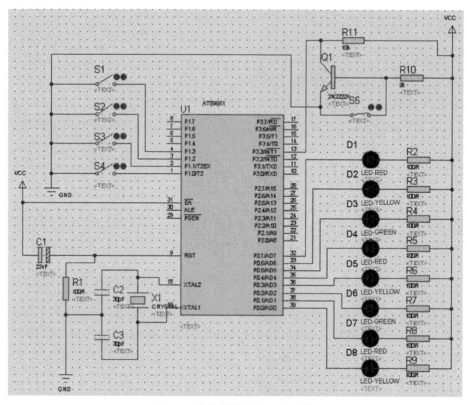

图 4-4  防盗报警器电路原理图

(1)将所需元器件加入对象选择器窗口。

AT89S51 用 AT89C51 代替,红色发光二极管、黄色发光二极管、绿色发光二极管的英文符号分别是"LED-RED""LED-YELLOW""LED-GREEN";电阻、电容、电解电容、按键、晶振的英文符号分别是"RES""CAP""CAP－ELEC""BUTTON""CRYSTAL";三极管、开关的英文符号分别是"2N222A""SWITCH"。

(2)放置元器件至图形编辑窗口。

(3)移动(删除)对象和调整对象朝向。

(4)放置电源及接地符号。

(5)元器件之间的连线。

(6)编辑对象的属性设置元件参数。

## 二、使用 Keil 进行程序汇编的步骤

1. 源文件的建立

输入源程序后,保存该文件,注意必须加上扩展名.c。

2. 建立工程文件

点击"Project—New Project…"菜单,出现一个对话框,要求给将要建立的工程起一个名字。

3. 工程的设置(针对我们的单片机制作项目进行简单设置)

在 Out Put 页面,勾选" Creat HEX File"选项,用于生成扩展名为.hex 的可执行代码文件。

4. 编译、连接

在设置好工程后,即可进行编译、连接。点击"Build target"按钮,软件会先对该文件进行编译,然后再连接以产生目标代码。

编译过程中的信息将出现在输出窗口的 Build 页中,如果源程序中有语法错误,会有错误报告出现。

# 任务四 防盗报警器电路的制作与调试

## 一、认识项目相关元件及元件测试

(1)复习发光二极管、电阻等元件测试方法并进行操作练习。
(2)复习三极管测试方法并进行测试。
(3)讨论拨码开关的测试方法并进行测试。

## 二、元件布局设计及电路接线图

1. 布局设计

由学生依据电路原理图(图 4-1)以及电路元件实际进行电路布局设计。元件布局设计时应考虑方便接线,并兼顾美观大方。

2. 绘制电路接线图

各小组根据所设计的布局图并依据电路原理图进行电路接线图绘制,接线图必须按元件的实际位置绘制,接线图绘制完成后,要妥善保存。

## 三、按元件高低层次依次进行插装与焊接

(1)40 脚 IC 插座的插装与焊接。
(2)晶振、电容、电阻的插装与焊接。
(3)拨码开关、发光二极管、电解电容、数据线插座的插装与焊接。
(4)自锁按键、三极管的插装与焊接。

## 四、电路连接

(1)根据电路接线图进行各元件之间的连接。
(2)完成各元件的连接后,将电源线引出或将 USB 底座焊接在电路板上,使用电脑上的 5V 电源。往届学生的制作成品如图 4-5 所示。

## 五、硬件电路调试

(1)通电之前,先用万用表检查各电源线与地线之间是否有短路现象,测试 40 脚 IC 插座各脚对地电阻值并记录,分析各电阻值是否合理。若发现有不合理值,则要进行分析查找及处理。点按控制按键,测量相应引脚电阻是否为 0。
(2)不插单片机芯片,接通电源,检查所有插座或器件的电源端是否有符合要求的电压

图 4-5　制作成品

值,如发现电压值偏离较多,应立即中断供电并检查处理。测试接地端电压是否为 0V,测试 40 脚 IC 插座各脚对地电压并记录,分析各电压值是否合理。

(3)在不插上单片机芯片时,接通电源,模拟单片机输出低电平(将对应引脚接地),检查相应的外部电路是否正常(观察发光二极管是否已点亮)。

(4)在不插上单片机芯片时,接通电源,测试三极管各极电位,分析是否正常;操作自锁按键,测试三极管输出端是否有低电平输出。

## 六、写入应用程序调试运行

学生动手实际操作,根据硬件电路实际对应用程序进行修改后,编译生成目标文件写入单片机芯片进行运行调试。

运行正常后,再对应用程序进行修改以期能有更好的效果实现。

若正常写入程序,接通电源后,系统不能正常工作,可以通过测试 18、19、30 脚的直流电位初步判定单片机最小系统是否已经正常工作。

# 章节总结卡

**项目小结** | 独立思考 | 项目笔记

【项目小结】

　　本项目主要学习单片机控制防盗报警的硬件电路设计和软件设计,涉及单片机中断系统的使用和编程方法。

项目小结 | **独立思考** | 项目笔记

【独立思考】

　　试一试,用其他开关作为启动报警开关。可否对启动报警的方式进行改进?

项目四 单片机控制防盗报警器电路制作

| 项目小结 | 独立思考 | **项目笔记** |

# 项目五　单片机控制音频输出电路制作

| 项目导入 | 项目目标 | 项目内容 |

**【项目导入】**

　　优美的音乐常常使人们心情愉悦。那么如何利用单片机发出优美的旋律呢？本项目的任务就是制作一个用单片机控制的音频输出电路。

项目五 单片机控制音频输出电路制作

| 项目导入 | 项目目标 | 项目内容 |

**【项目目标】**

1. 掌握 MCS-51 单片机定时器的工作方式及应用。
2. 掌握单片机控制音频输出电路的硬件设计和编程方法。

| 项目导入 | 项目目标 | 项目内容 |

**【项目内容】**

通过学习单片机定时系统和对音频输出电路的功能分析,完成单片机控制音频输出电路的整体设计。

# 任务一 MCS-51单片机定时器结构及其工作方式

## 一、MCS-51单片机定时/计数器结构

### (一)MCS-51单片机定时/计数器结构

MCS-51单片机内部有两个16位的可编程定时器/计数器,由TH1、TL1、TH0、TL0、TCON、TMOD等6个特殊功能寄存器组成,如图5-1所示。

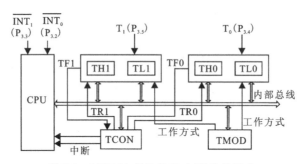

图5-1 MCS-51单片机定时/计数的组成

TMOD主要用于选定定时器的工作方式,TCON主要用于控制定时器的启动和停止。

1. 工作方式寄存器TMOD

专用寄存器称TMOD称为工作方式寄存器。TMOD每位的位名称如表5-1所示。

表5-1 TMOD每位的位名称

| TMOD | D7 | D6 | D5 | D4 | D3 | D2 | D1 | D0 |
|---|---|---|---|---|---|---|---|---|
| 位名称 | GATE | C/$\overline{T}$ | M1 | M0 | GATE | C/$\overline{T}$ | M1 | M0 |

高4位用于控制定时器T1,低4位用于控制定时器T0。TMOD中各位的定义如下。
GATE:门控位。具体作用为:

当GATE位被设置为0时,只需TCON中的TR0或TR1为1,就可以启动定时器或者计数器驱动。

当GATE为1时,需要TCON中的TR0或TR1为1,同时外部中断INT0/1也为高光子,才可以启动定时器或计数器驱动。

C/$\overline{T}$:定时、计数选择位。C/$\overline{T}$=1 计数;C/$\overline{T}$=0 定时。

M1、M0:工作方式选择位。定时器有4种工作方式,由M1M0设定。

例如将 T1 设定为工作在方式 0 定时,将 T0 设定为工作在方式 1 计数,可通过下面指令来完成。

TMOD=0x05

2.定时器控制寄存器 TCON

定时器控制寄存器 TCON,用于控制定时器的启动与停止、设置中断与中断响应等。TCON 每位的名称如表 5-2 所示。

表 5-2 TCON 每位的名称

| TCON 位 | D7 | D6 | D5 | D4 | D3 | D2 | D1 | D0 |
|---|---|---|---|---|---|---|---|---|
| 位名称 | TF1 | TR1 | TF0 | TR0 | IE1 | IT1 | IE0 | IT0 |

TCON 中各位的定义如下:

TF1(TF0):定时器 T1(T0)的中断请求标志位。

TR1(TR0):定时器 T1(T0)启动/停止控制位。

IE1、IT1、IE0、IT0 用于外部中断,项目四中已作介绍。

例如要启动定时器 T0 开始工作可使用下面的指令:

```
TR0= 1
```

(二)MCS-51 定时器工作方式

1.方式 0

当 M1M0 设置为 00 时,定时器设定为方式 0 工作。在这种方式下,16 位寄存器只用了 13 位,如图 5-2 所示。

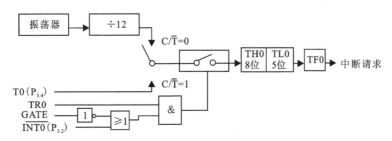

图 5-2 定时方式 0 工作原理图

当 GATE=0、TR0=1 时,TL0、TH0 组成的 13 位计数器就开始计数。

当 GATE=1、TR0=1 时,TH0、TL0 是否计数取决于 P3.2 引脚的信号,当 P3.2 引脚为 1 时,开始计数,当 P3.2 引脚为 0 时,停止计数,这样就可以用来测量在 P3.2 引脚出现的正脉冲宽度。

当13位计数器加1到全"1"以后,再加1就产生溢出。这时,置TCON的TF0位为1;同时把计数器变为全"0"。

2. 方式1

方式1和方式0的工作相同,唯一的差别是TH0和TL0组成一个16位计数器。

3. 方式2

方式2把TL0配置成一个可以自动恢复初值(初始常数自动重新装入)的8位计数器,TH0作为常数寄存器。

4. 方式3

方式3对定时器T0和定时器T1是不相同的。若T1设置为方式3,则停止工作,所以方式3只适用于T0。当T0设置为方式3时,将使TL0和TH0成为两个相互独立的8位计数器。

5. 定时/计数初值的计算

(1)定时初值$X$的计算公式如下:

$$X = 2^M - \frac{T \times f_{soc}}{12}$$

式中:$M$为计数器的长度(方式0、方式1、方式2对应的$M$值分别为13、16、8);$T$为定时值;$f_{soc}$为振荡器频率。

(2)计数初值的计算公式如下:

$$X = 2^M - N$$

式中:$M$为计数器的长度(方式0、方式1、方式2对应的$M$值分别为:13、16、8);$N$为计数值。

## 二、定时器应用举例

1. 采用定时器定时需要考虑的问题

(1)确定定时器工作方式、定时时间,计算定时初值。
(2)定时时间到后,需要完成哪些操作。
(3)初始化定时器。采用中断方式时,还需要中断初始化。

2. 应用举例

**例5.1** 采用定时器T0方式1定时,从P2.0输出秒脉冲。晶振频率为12MHz。

**解:** 采用方式1定时,一次定时20ms,25次定时500ms,采用中断方式,从P2.0输出秒脉

冲,初值为

$$X = 2^M - \frac{T \times f_{soc}}{12} = 2^{16} - \frac{20 \times 10^3 \times 12}{12} = 65\ 536 - 20\ 000 = 45\ 536 = \text{B1E0H}$$

C语言应用程序清单如下:

```
#include <reg52.h>
sbit k1=P2^0;
int n=0;
void zdcx(void) interrupt 1
{
THO=0xb1;        //设置计数初始值
TL0=0xe0;
n++;
if(n==20)
{
   k1=~k1;       //到达定时则将P2.0取反
   n=0;          //次数重新置0
   }
}
void main()
{
IE=0x82;         //开中断
TMOD=0x01;       //定时器初始化
TH0=0x3c;        //设置计数初始值
TL0=0xb0;
TR0=1;           //启动定时器T0
    While(1);
}
```

# 任务二  音频输出电路的硬件、软件设计

## 一、音频放大电路设计

1. 音频输出电路原理图设计

结合项目要求,设计该项目的硬件电路原理如图 5-3 所示。

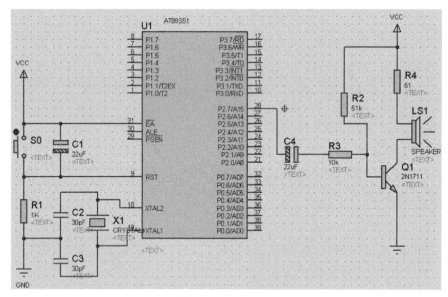

图 5-3  硬件电路原理图

音频放大电路由三极管 Q1,电阻 R2、R3、R4 和扬声器 LS1 组成。由 P2.7 输出的音频方波经电容 C4 耦合,作用于音频放大三极管的基极,信号经放大后驱动扬声器发出响亮的报警声。

2. 元件选择

本项目涉及的元件选择主要有三极管、偏置电阻、扬声器、电解电容等元件。
三极管的选择主要考虑放大倍数、耐压、基极电流等因素;偏置电阻的选择依据是三极管的静态工作参数等因素;扬声器的选择主要考虑其外形尺寸大小及线圈电阻值;电解电容的选择主要考虑其耐压值和容量等因素。

## 二、应用程序设计

(一)C 语言数组变量的使用

数组是一种将同类型数据集合管理的数据结构。数组也是一种变量,将相同数据形态的

变量以一个相同的变量名称来表示。

1. 数组的定义

数组的定义格式如下：
数据类型［存储器类型］数组名［常量表达式］；
例如：

```
int a[10];  //定义整型数组 a,有 10 个元素。
unsigned char a[50];//定义无符号字符数组,有 50 个元素。
```

2. 定义数组注意事项

(1)对于同一个数组,其所有元素的数据类型都是相同的。
(2)变量名不能与其他变量同名。
(3)不能在方括号中用变量表示元素的个数。

3. 数组的初始赋值

(1)定义数组时赋值。例如：

```
int a[5]= {0,1,2,3,4};
```

(2)定义数组时不设初值,则全部元素均为 0。

4. 数组的引用

数组也要先定义再引用,而且只能逐个引用数组中的元素,不能一次引用整个数组。例如：

```
int i,a[5]= {0,1,2,3,4};
i= 0;
P1= a[i];   //将数组元素 a[0]赋给 P1。
```

(二)双音频输出应用程序流程图绘制

本项目制作要求输出双音频,也就是输出两个不同频率的方波信号。频率不同,需要的定时时间不同。主程序流程如图 5-4 所示。

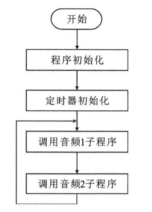

图 5-4 双音频输出应用程序流程图

(三)双音频输出应用程序设计

应用程序清单如下:

```
# include< reg51.h>
sbit P27= P2^7;
unsigned char dscz[4]= {0xd0,0xfa,0xe0,0xfd};
void delay1()
{
int j= 0;
TL0= dscz[j];
j+ + ;
TH0= dscz[j];
TR0= 1;
while(TF0= = 0);
TR0= 0; TF0= 0;
}
void delay2()
{
int j= 2;
TL0= dscz[j];
j+ + ;
TH0= dscz[j];
TR0= 1;
while(TF0= = 0);
TR0= 0; TF0= 0;
```

```c
}
void main()
{
TMOD= 0x11;
while(1)
{
unsigned char i;
for(i= 255;i> 0;i- - )
{
P27= ~ P27;
delay1();
}
for(i= 255;i> 0;i- - )
{
P27= ~ P27;
delay2();
}
}
}
```

## 任务三　音频输出电路的计算机仿真

### 一、使用 Proteus 绘制仿真电路图的步骤

参照图 5-5 绘制音频输出电路仿真原理图。

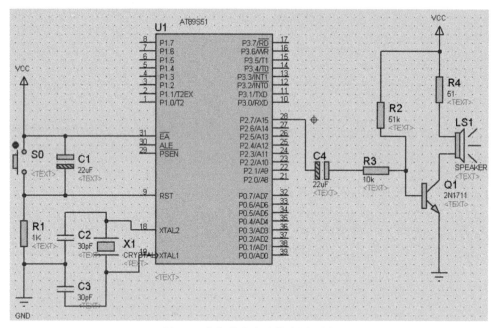

图 5-5　音频输出电路仿真原理图

(1)将所需元器件加入到对象选择器窗口。

AT89S51 用 AT89C51 代替,三极管、扬声器、电阻、电容、电解电容、按键、晶振的英文名字分别是"2N1711""SPEAKER""RES""CAP""CAP-ELEC""BUTTON""CRYSTAL"。

(2)放置元器件至图形编辑窗口。

(3)移动(删除)对象和调整对象朝向。

(4)放置电源及接地符号。

(5)元器件之间的连线。

(6)编辑对象的属性,设置元件参数。

### 二、使用 Keil 进行程序编译的步骤

1.源文件的建立

点击菜单"File—New…"或者点击工具栏的新建文件按钮,即可在项目窗口的右侧打

开一个新的文本编辑窗口,在该窗口中输入汇编语言源程序。

输入源程序后,保存该文件,注意必须加上扩展名.c。

2.建立工程文件

点击"Project—New Project…"菜单,出现一个对话框,要求给将要建立的工程起一个名字。

3.工程的设置(针对我们的单片机制作项目进行简单设置)

工程建立好以后,首先右击左边 Project 窗口的 Target 1,弹出下拉菜单,点击"Option for target'target1'"即出现对工程设置的对话框。

设置对话框中的 Out Put 页面,选中"Creat HEX File"项用于生成(.hex)可执行代码文件。

4.编译、连接

在设置好工程后,即可进行编译、连接。点击"Build target"按钮,对当前工程进行连接,如果当前文件已修改,软件会先对该文件进行编译,然后再连接以产生目标代码。

编译过程中的信息将出现在输出窗口中的 Build 页中,如果源程序中有语法错误,会有错误报告出现。

## 任务四　音频输出电路的制作与调试

### 一、认识项目相关元件及元件测试

本项目制作在项目一的基础上完成。本项目的相关元件除项目一所用元件外,增加了一些电阻和三极管、扬声器。由学生识别各相关元件并用万用表对相关元件进行测试。

### 二、元件布局设计及电路接线图

1. 布局设计

由学生依据电路原理图,并根据电路元件实际进行电路布局设计。元件布局设计时应考虑方便接线,并兼顾美观大方。

2. 绘制电路接线图

各小组根据所设计的布局图并依据电路原理图进行电路接线图绘制,接线图必须按元件的实际位置绘制,接线图绘制完成后,要妥善保存。

### 三、按元件高低层次依次进行插装与焊接

(1) 偏置电阻的插装与焊接。
(2) 三极管的插装与焊接。
(3) 电解电容的插装与焊接。
(4) 扬声器的插装与焊接。

### 四、电路连接

(1) 根据电路接线图进行各元件之间的连接。
(2) 完成各元件的连接后,将电源线引出或将USB底座焊接在电路板上,使用电脑上的5V电源。

学生的制作成品如图5-6所示。

### 五、硬件电路调试

(1) 通电之前,先用万用表检查各电源线与地线之间是否有短路现象,测试40脚IC插座各引脚对地电阻值并记录,分析各电阻值是否合理。
(2) 不插单片机芯片,接通电源,检查所有插座或器件的电源端是否有符合要求的电压值,测试接地端电压是否为0V,测试40脚IC插座各脚对地电压并记录,分析电压值是否

图 5-6 制作成品图

合理。

(3)在不插上单片机芯片时,测量三极管各极电位,从而判定三极管是否工作在放大状态。若不能工作在放大状态,应调整 R2 的值,以使其工作在放大状态。当三极管工作在放大状态后,再用一根导线,导线的一端接+5V 电源,另一端碰触插座的 28 脚(P2.7 引脚),听扬声器是否发出'咔咔'的声音,有则说明基本正常。

## 六、写入应用程序调试运行

根据硬件电路实际对应用程序进行修改后,汇编生成目标文件写入单片机芯片进行运行调试。试听是否能输出预期的双音频报警声,若不能有预期双音频输出,则要对硬件和软件进行检查与调试。可先测试 P2.7 是否有方波输出,若有,则重点测量三极管音频放大电路。

## 章节总结卡

**【项目小结】**

　　本项目主要学习单片机控制音频输出的硬件电路设计和软件设计,涉及单片机定时系统的使用和编程方法。

**【独立思考】**

　　在仿真过程中,可以多变化几组定时器初值,试听仿真输出的效果,最后确定一组自己满意的音频输出对应的数据。

项目小结　独立思考　**项目笔记**

# 项目六　单片机控制数字时钟电路制作

项目导入　项目目标　项目内容

**【项目导入】**

　　生活中离不开时钟,那么如何利用单片机控制时钟呢？本项目的任务就是制作一个用单片机控制的数字时钟电路。

## 项目六 单片机控制数字时钟电路制作

【项目目标】

1. 掌握串行口通信的工作方式和应用。
2. 掌握单片机控制数字时钟电路的硬件设计和编程方法。

【项目内容】

通过学习单片机串行口通信和对数字时钟电路的功能分析,完成单片机控制数字时钟电路的整体设计。

# 任务一 项目相关知识学习

## 一、LED 数码管结构及工作原理

**1. LED 数码管结构**

通常使用的是七段 LED 显示器,这种显示器由 8 个发光二极管构成,有共阴极和共阳极两种,如图 6-1 所示。

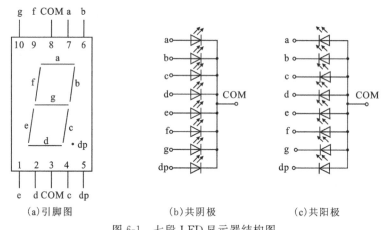

图 6-1 七段 LED 显示器结构图

**2. LED 数码管工作原理**

共阴极 LED 数码管的 8 个发光二极管的阴极连在一起,接公共端 COM。使用时公共端接地,当发光二极管的阳极为高电平时,发光二极管点亮。共阳极数码管则与之相反。

从管脚 a～g 及 dp 输入不同的 8 位二进制数,可显示不同的数字或字符,把控制数码管显示不同字符的 8 位二进制数称为段码。例如:对于共阳极数码管,若要显示 0,其段码为 C0H。

## 二、LED 数码管的显示方法

数码管的显示方式有静态显示和动态显示两种。

**1. 静态显示**

静态显示是指数码管显示某一字符时,相应的发光二极管恒定导通或恒定截止。这种显示方式的各位数码管相互独立,公共端恒定接地(共阴极)或接正电源(共阳极)。每个数码管的 8 个字段分别与一个 8 位 I/O 口相连。

### 2. 动态显示

动态显示是一位一位地轮流点亮各位数码管,这种逐位点亮显示器的方式称为位扫描。通常,各位数码管的相应段选线并联在一起,由一个8位的I/O口控制;各位数码管的位选线(公共阴极或阳极)由另外的I/O口控制。

## 三、MCS-51单片机串行接口

### 1. 并行通信和串行通信

并行通信是指将组成数据字节的各位同时发送或接收,不宜用于远距离通信。

串行通信是组成数据的字节中的各位按顺序逐一传送的方式,最少只需3根传输线,如图6-2所示。串行通信适用于远距离通信,但通信的传送速度较慢。

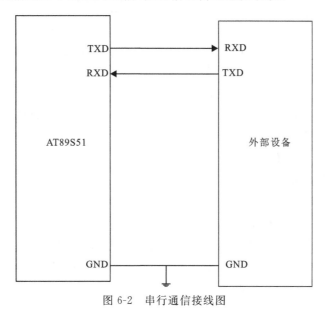

图 6-2　串行通信接线图

### 2. MCS-51单片机串行接口

MCS-51单片机的串行接口由串行口缓冲寄存器 SBUF、串行口控制寄存器 SCON 和电源控制寄存器 PCON 构成,通过引脚 TXD(P3.1)、RXD(P3.0)来完成串行数据的发送和接收,与外界进行串行通信。

(1)串行口缓冲寄存器 SBUF。

SBUF 是按字节寻址的专用寄存器,它用来存放将要发送或接收到的数据。在物理上有两个独立的 SBUF 寄存器,一个用来发送,一个用来接收。

(2)串行口控制寄存器 SCON。

SCON 是一个可以位寻址专用寄存器,它用于串行口的方式选择、发送、接收控制及保存串行口的状态信息等。SCON 中各位的名称如表6-1所示。

表 6-1  SCON 中各位的名称

| SCON 位 | D7 | D6 | D5 | D4 | D3 | D2 | D1 | D0 |
|---|---|---|---|---|---|---|---|---|
| 位名称 | SM0 | SM1 | SM2 | REN | TB8 | RB8 | TI | RI |

SCON 中各位的定义如下：

SM0、SM1：串行口工作方式选择位。4 种不同取值对应 4 种工作方式如表 6-2 所示。

表 6-2  不同取值对应的工作方式

| SM0 | SM1 | 工作方式 |
|---|---|---|
| 0 | 0 | 工作方式 0：13 位定时器 |
| 0 | 1 | 工作方式 1：16 位定时器 |
| 1 | 0 | 工作方式 2：8 位可重装定时器 |
| 1 | 1 | 工作方式 3：2 个 8 为定时器 |

SM2：在方式 2、方式 3 中用作多机通信控制位。

REN：允许接收控制位。REN＝0 时禁止接收，REN＝1 时允许接收。

TB8：发送数据的第九位。

RB8：接收数据的第九位。

TI：发送中断请求标志位。

RI：接收中断请求标志位。

(3) 电源控制寄存器 PCON。

PCON 对串行口的影响是通过其 SMOD 位改变串行口的波特率。SMOD 位位于 PCON 的最高位，即 PCON.7，当 SMOD＝1 时串行口的波特率是 SMOD＝0 时的两倍（方式 0 除外）。PCON 在单片机复位时，SMOD＝0。

## 四、MCS-51 单片机串行口工作方式 0 的应用

1. 串行口方式 0 的发送与接收

串行口工作方式 0 是 8 位同步移位寄存器方式。串行数据由 RXD(P3.0)引脚输入或输出，同步移位脉冲由 TXD(P3.1)引脚输出。方式 0 主要用于 I/O 端口的扩展。

(1) 方式 0 的发送。

方式 0 的发送操作是在 TI＝0 的情况下，从执行以 SBUF 为目的字节的数据传送指令开始的。例如：SBUF＝a。

8 位数据发送完成后，由硬件将 TI 置 1，向 CPU 请求中断。若中断不开放，TI 可作为发送完成的查询标志位。TI＝1 后，必须用软件将其清 0，以便再次发送数据。

(2) 方式 0 的接收。

方式0的接收操作是在RI＝0的条件下,由REN置1指令来启动接收。收到8位数据后,由硬件将RI置1,向CPU请求中断。若中断不开放,RI可作为接收完成的查询标志位。RI＝1后,必须用软件将其清0,以便再次接收数据。

2. 方式0应用举例

**例1**:使用串入并出芯片74LS164与单片机相连,使用串行口方式0扩展8位并行输出,接线如图6-3所示。8位并行输出接8个发光二极管,要求控制8个发光二极管反复亮灭。程序设计如下(采用查询方式):

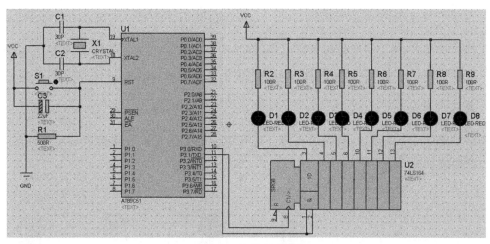

图6-3 接线示意图

```
# include < reg51.h>
# define uchar unsigned char
void delay_ms(uchar xms);   //定义延时函数
/* * * * * * * * 以下是主函数* * * * * * * * * * * * * * * * */
void main()
{
uchar a= 0xff;
SCON= 0;    //置串行口方式0,相关标志位、控制位清0。
while(1)
{
SBUF= a;        //启动串行发送
while(! TI);    //等待串行发送完成
TI= 0;          //TI清0,准备再次发送数据
a= ~ a;
delay_ms (200);
}
}
```

# 任务二  数字时钟电路硬件、软件设计

## 一、数字时钟电路设计

1. 数字时钟电路构成方案设计

根据项目要求,本项目硬件由按键电路(调时)、单片机最小应用系统、扩展输出电路和数码管显示电路构成。重点学习扩展输出电路构成。扩展输出用芯片 74HC595 来完成。

2. 电路设计

根据电路构成方案设计,对各组成部分进行设计。关键是扩展输出及显示电路的设计。硬件电路原理如图 6-4 所示。

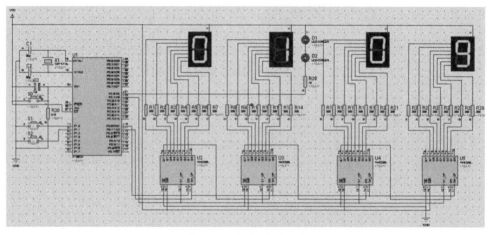

图 6-4  硬件电路原理图

3. 元件选择

(1)复习晶振电路元件及复位电路元件的选择。

(2)复习发光二极管电路元件的选择。

(3)学习数码管的选择。

## 二、应用程序编写

### 1. C语言数值计算的方法

(1)算术运算。

算术运算常用的有:"+""-""*""/""%"五种。"/"是除法运算,即两个整数相除,商仍为整数,舍去小数部分(余数)。"%"为取模运算(取余运算),参与运算的为两个整数,结果为两个数相除之后的余数。例如:

```
unsigned int a,b,c,d;
a= 12;b= 8;
c= a/b;     //结果是 c= 1。
d= a% b;    //结果是 d= 4。
```

(2)复合运算。

C语言中的复合运算符使得语句的书写更加简洁,符号左侧的变量既是源操作数,又是目的操作数。例如:

```
unsigned char a= 0x01,b= 0x02,c= 0x03,d= 0x04;
a/= b;      //a= a/b= 0
b+= 0x01;   //b= b+ 1= 0x03
c|= 0x80;   //c= c|0x80= 0x83
d< <= 1;    //d= d< < 1= 0x08
```

### 2. 应用程序流程图绘制

根据项目要求,分别绘制主程序和中断服务程序流程如图6-5所示。

### 3. 程序设计

根据流程图编写程序,参考程序如下:

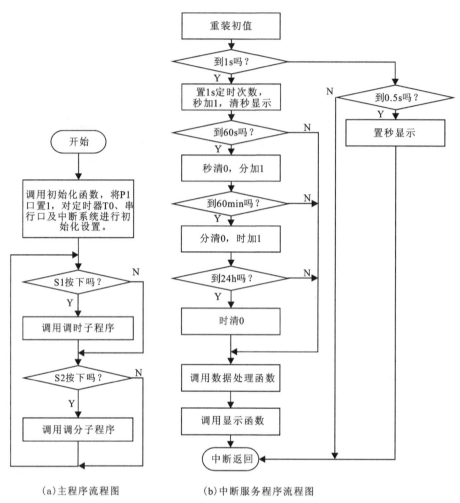

图 6-5　主程序和中断服务程序流程图

```
# include < reg51.h>
# define uchar unsigned char
# define uint unsigned  int
uchar hour= 12,min= 0,sec= 0;    //定义小时、分钟和秒变量
uchar cont_1s;                   //定义 1s 定时次数变量
sbit S1= P1^0;                   //定义 S1 键
sbit S2= P1^1;                   //定义 S2 键
sbit xskzw= P2^1;                //定义显示控制位
sbit led= P2^0;
uchar disp_buf[4];               //定义显示缓冲单元
uchar code tab[12]= {0xc0,0xf9,0xa4,0xb0,0x99,0x92,0x82,
0xf8,0x80,0x90,0x88,0xff};   //定义段码表
```

```c
/* * * * * * * * * * 以下是初始化函数 * * * * * * * * * * * */
void start()
{
    TMOD= 0x11;                    //定时器工作方式
    TL0= (65536- 20000)% 256;      //置定时器初值,一次定时 20ms
    TH0= (65536- 20000)/256;
    SCON= 0x00;                    //串行口初始化
    cont_1s= 50;                   //置 1s 定时次数
    EA= 1;                         //开放中断
    ET0= 1;                        //开定时器中断
    TR0= 1;                        //启动定时器 T0
}


/* * * * * * * * * * 以下是时间显示函数 * * * * * * * * * * */
void sjxs()
{
    uchar i,tmp;         //定义中间变量
    xskzw= 0;            //控制位清 0,准备串行发送显示段码
    for(i= 0;i< 4;i+ +)  //循环发送 4 位
    {
        tmp= disp_buf[i];      //显示数据送 tmp
        SBUF= tab[tmp];        //查显示段码送 SBUF 进行串行发送
        while(TI= = 0);        //等待发送完
        TI= 0;                 //为下次发送做好准备
    }
    xskzw= 1;    //控制位置 1,将显示段码送出显示当前时间
}
/* * * * * * * * * * 以下是数据处理函数 * * * * * * * * * * */
void sjcl(uchar in1,in2)
{
    uchar fen,shi;
    shi= in1;
    fen= in2;
    disp_buf[0]= fen% 10;      //分钟个位
    disp_buf[1]= fen/10;       //分钟十位
    disp_buf[2]= shi% 10;      //小时个位
```

```c
    disp_buf[3]= shi/10;        //小时十位
}
/* * * 以下是定时器T0中断函数,用于产生时、分、秒信号 * * */
void sz() interrupt  1
{
    TL0= (65536- 20000)% 256;   //重装定时器初值
    TH0= (65536- 20000)/256;
    cont_1s- - ;                //1s 定时中断次数减 1
    if(cont_1s= = 0)            //到 1s 定时了吗?
    {
        cont_1s= 50;            //重置 cont_1s
        led= 1;                 //秒闪烁灭
        sec+ + ;                //秒加 1
        if(sec= = 60)           //到 60s 否?
        {
            sec= 0;             //到 60s 则秒清 0
            min+ + ;            //分钟加 1
            if(min= = 60)       //到 60s 否?
            {
                min= 0;         //到 60min 则分清 0
                hour+ + ;       //小时加 1
                if(hour= = 24)  //到 24h 否?
                hour= 0;        //到 24h 则小时清 0
            }
        }
        sjcl(hour,min);         //调用数据处理函数
        sjxs();                 //调用时间显示函数
    }
    else if(cont_1s= = 25)      //到 0.5s 延时了吗?
    led= 0;                     //秒闪烁亮
}
/* * * * * * * * * * 以下是主函数 * * * * * * * * * * * * */
void main()
{
    start();                    //调用初始化函数
```

```c
while(1)          //大循环
{
if(S1= = 0)
{
delay_ms(10);   //若S1按下则调用10ms延时函数去抖动
if(S1= = 0)
txs();          //S1仍然按下则调用调小时函数
}
if(S2= = 0)         //若S2按下则调用10ms延时函数去抖动
{
delay_ms(10);
if(S2= = 0)         //S2仍然按下则调用调分钟函数
tfz();
}
}
}
```

# 任务三  数字时钟电路的计算机仿真

## 一、使用 Proteus 绘制仿真电路图的步骤

参照图 6-6 绘制仿真原理图。

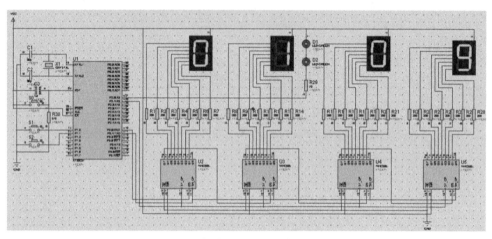

图 6-6  数字时钟电路仿真原理图

(1)将所需元器件加入对象选择器窗口。

AT89S51 用 AT89C51 代替,红色发光二极管的英文符号是"LED-RED";电阻、电容、电解电容、按键、晶振的英文符号分别是"RES""CAP""CAP-ELEC""BUTTON""CRYSTAL";绿色数码管的英文符号是"7SEG-COM-CAT-GRN"。

(2)放置元器件至图形编辑窗口。

(3)移动(删除)对象和调整对象朝向。

(4)放置电源及接地符号。

(5)元器件之间的连线。

(6)编辑对象的属性设置元件参数。

## 二、使用 Keil 进行程序汇编的步骤

1. 源文件的建立

输入源程序后,保存该文件,注意必须加上扩展名.c。

2. 建立工程文件

点击"Project—New Project…"菜单,出现一个对话框,要求给将要建立的工程起一个名字。

3. 工程的设置(针对我们的单片机制作项目进行简单设置)

在 Out Put 页面,勾选"Creat HEX File"选项。

4. 编译、连接

在设置好工程后,即可进行编译、连接。点击按钮 ▦,对当前工程中的文件进行编译,然后再连接,生成目标代码。

编译过程中的信息将出现在输出窗口中的 Build 页中,如果源程序中有语法错误,会有错误报告出现。

# 任务四　数字时钟电路的制作与调试

## 一、认识项目相关元件及元件测试

(1)复习发光二极管、电阻等元件测试方法并进行操作练习。
(2)学习数码管的测试。
(3)复习按键的测试方法并进行测试。

## 二、按元件高低层次依次进行插装与焊接

(1)电阻的插装与焊接。
(2)电容、晶振的插装与焊接。
(3)40脚及16脚IC插座的插装与焊接。
(4)按键及数据线插座的插装与焊接。
(5)数码管的插装与焊接。

## 三、电路连接

完成各元件的连接后,将电源线引出或将USB底座焊接在电路板上,使用电脑上的5V电源。往届学生制作成品如图6-7所示。

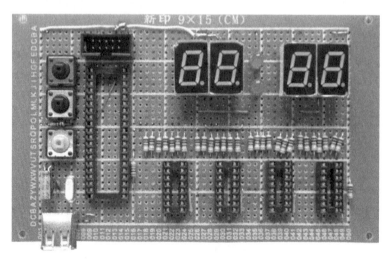

图6-7　制作成品

## 四、硬件电路调试

(1)通电之前,先用万用表检查各电源线与地线之间是否有短路现象,测试40脚及16脚

IC 插座各脚对地电阻值并记录,分析各电阻值是否合理。若发现有不合理值,则要进行分析查找及处理。点按控制按键,测量相应引脚电阻是否为 0。

(2)不插单片机芯片,接通电源,检查所有插座或器件的电源端是否有符合要求的电压值,如发现电压值偏离较多,应立即中断供电并检查处理。测试接地端电压是否为 0V,测试 40 脚及 16 脚 IC 插座各脚对地电压并记录,分析各电压值是否合理。

(3)在不插上单片机芯片时,接通电源,模拟单片机输出低电平(将对应引脚接地),检查相应的外部电路是否正常(观察发光二极管是否已点亮)。模拟 74HC595 输出低电平,检查数码管相应位是否已点亮。

### 五、写入应用程序调试运行

学生动手实际操作,根据硬件电路实际对应用程序进行修改后,汇编生成目标文件写入单片机芯片进行运行调试。

运行正常后,再对应用程序进行修改以期能有更好的效果实现。

若正常写入程序,接通电源后,系统不能正常工作,可以通过测试 18、19、30 脚的直流电位初步判定单片机最小系统是否已经正常工作。

## 章节总结卡

**【项目小结】**

　　本项目主要学习单片机控制数字时钟的硬件电路设计和软件设计,涉及单片机串行口通信的使用和编程方法。

**【独立思考】**

　　在仿真软件中采用 74LS164 代替 74HC595 进行仿真,观察仿真运行效果,想一想为什么会出现相应效果?

项目六 单片机控制数字时钟电路制作

| 项目小结 | 独立思考 | **项目笔记** |

# 项目七 单片机双机通信电路制作

**项目导入** | 项目目标 | 项目内容

【项目导入】

前面学习了单片机与外部设备如何通信,那么两个单片机可不可以直接通信呢?本项目的任务就是完成单片机双机通信电路的制作。

项目七 单片机双机通信电路制作

项目导入　项目目标　项目内容

【项目目标】

1. 理解串行口 4 种工作方式的波特率。
2. 掌握双机通信电路的硬件设计和编程方法。

项目导入　项目目标　项目内容

【项目内容】

　　通过学习单片机多机通信和对双机通信的功能分析,完成单片机双机通信电路的整体设计。

# 任务一　项目相关知识学习

## 一、MCS-51 单片机串行口的波特率

波特率是反映串行通信快慢的一个物理量,串行口每秒钟发送或接收二进制数据的位数称为波特率,单位为 b/s,即位/秒。串行口有 4 种工作方式,这 4 种工作方式对应 3 种波特率。

工作方式 0：　　　　　波特率为 $=f_{soc}/12$,不受 SMOD 位影响。

工作方式 2：　　　　　波特率 $=2^{SMOD} \times f_{soc}/64$　　　　　　　　　　　　(7-1)

工作方式 1 和方式 3：

$$波特率 = 2^{SMOD} \times (T1 溢出率)/32 \tag{7-2}$$

T1 溢出率即为一次定时时间的倒数,即：

$$T1 溢出率 = \frac{1}{(2^M - x) \times 12 \div f_{soc}} \tag{7-3}$$

式中：$x$ 为定时初值；$M$ 由 T1 的工作方式决定,一般 T1 用工作方式 2,$M=8$。将式(7-3)代入式(7-2),并整理后得：

$$波特率 = \frac{2^{SMOD} \times f_{soc}}{384(2^M - x)} \tag{7-4}$$

当已知晶振频率和所需的波特率时,可由式(7-4)计算定时器的初值。

## 二、MCS-51 单片机串行口工作方式 1、2、3 及应用

1. 方式 1

方式 1 是波特率可调的 8 位数据异步通信方式,发送或接收一帧信息为 10 位,其中包括 1 位起始位 0、8 位数据位和 1 位停止位 1。

方式 1 的发送是在 T1=0 的条件下,由任何一条以 SBUF 为目的地址的数据传送指令作为启动发送开始的。数据从 TXD 引脚输出。当发送完一帧数据后,置中断标志 TI 为 1。

串行口置为方式 1,若 RI=0、REN=1 时,允许串行口接收数据。串行口采样 RXD(P3.0 引脚),当采样由 1 到 0 跳变时,确认是起始位"0",便开始接收一帧数据。方式 1 接收时,必须同时满足以下两个条件：

(1)RI=0。

(2)停止位为 1 或 SM2=0。

在满足以上两个条件后,8 位数据存入 SBUF,停止送入 RB8 位,同时置中断标志 RI 为 1。若不满足这两个条件,接收到数据不能存入 SBUF,此组数据丢失。

## 2. 方式 2

方式 2 是 9 位数据异步通信方式,发送一帧信息为 11 位,其中一位起始位 0、8 位数据位、第 9 位数据位和一位停止位 1。

方式 2 的发送方法与方式 1 类似,区别是发送前,第 9 位数据先送入 TB8,8 位数据发送之后,发送第九位数据,最后自动生成停止位 1。

串行口置为方式 2,若 RI＝0、REN＝1 时,允许串行口接收数据。串行口采样 RXD(P3.0 引脚),当采样由 1 到 0 跳变时,确认是起始位"0",便开始接收一帧数据。方式 2 接收时,必须同时满足以下两个条件:

(1) RI＝0。

(2) SM2＝0 或收到的第九位数据等于 1。

在满足以上两个条件后,8 位数据存入 SBUF,第 9 位数据进入 RB8 位,置中断标志 RI 为 1。若不满足这两个条件,接收到数据不能存入 SBUF,此组数据丢失。

## 3. 方式 3

方式 3 为波特率可调的 9 位异步通信方式,除了波特率有所区别之外,其余都与方式 2 相同。

## 4. 应用举例

方式 2 和方式 3 主要用于多机通信,我们放在"单片机多机通信"中进行介绍。这里举例说明方式 1 的使用方法。

**例 7-1**:置串行口方式 1,允许发送和接收,采用中断方式。初始化完成后,将串行口接收到的数据存于 40H 单元,再将该数据通过串行口方式 1 发送。试编写应用程序。

**解**:该程序包括三部分,初始化、串行口发送和串行口中断服务程序,流程如图 7-1 所示。根据流程图,编写参考程序如下:

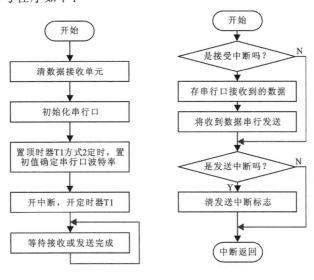

(a) 主程序流程图　　　　(b) 中断服务程序流程图

图 7-1　主程序和中断服务程序流程图

```
# include< reg51.h>
unsigned char data a _at_ 0x40;
unsigned char * zz;
/* * * * * * * * * * * * * * 以下是初始化函数* * * * * * * * * * * * * * * * */
void start()
{
zz= &a; * zz= 0;
SCON= 0X50;
TMOD= 0X21;
TL1= 0XF4; TH1= 0XF4;
EA= 1; ES= 1; TR1= 1;
}
/* * * * * * * * * * 以下是串行口中断函数* * * * * * * * * * * */
void series() interrupt 4
{
if(RI= = 1)
{
* zz= SBUF;
RI= 0;TI= 0;
SBUF= a;
}
if(TI= = 1)
TI= 0;
}
/* * * * * * * * * * * * 以下是主函数* * * * * * * * * * * * */
void main()
{
start();
while(1);
}
```

### 三、单片机多机通信简介

1. 多机通信原理

单片机多机通信一般采用主从式多机通信方式。将一台设为主机,其他 N 台为从机,系统连接结构如图 7-2 所示。多机通信原理如下:

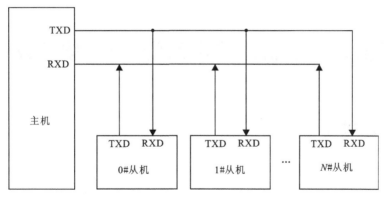

图 7-2 系统连接结构示意图

(1)主机发出的信息有两类:一类是地址信息,用来确定需要和主机通信的从机,其特征是主机串行发送的第九位数据 TB8 为 1,即主机令 TB8 为 1 来呼叫从机;另一类是命令或数据信息,特征是串行传送的第九位数据 TB8 为 0,实现主从间的数据传送。

(2)各从机使 SM2=1 时,只能接收到主机发来的地址信息;使 SM2=0 时,接收主机发送的命令或数据信息。

(3)各从机只能发送数据信息,其特征是第 9 位数据 TB8 为 0。

2. 多机通信过程

主从式多机通信的一般过程如下:

(1)使所有从机的 SM2=1,以便接收主机发来的地址码。

(2)主机发出一帧地址信息,其中包括 8 位需要与之通信的从机地址码和第九位特征码 TB8=1。

(3)各从机接收到地址信息后,将其与自己的地址码相比较,若与本机地址相同,则该从机使 SM2 清 0 以接收主机随后发来的命令或数据信息;若与本机地址不相同,从机仍保持 SM2=1 的状态,对主机随后发来的数据不予理睬。

(4)主机给已被寻址的从机发送命令或数据(第九位数据 TB8=0)。

# 任务二　双机通信电路的硬件、软件设计

## 一、双机通信电路设计

1.双机通信电路方案设计

根据项目要求,本项目硬件由甲机和乙机两部分构成。甲机包括最小应用系统和按键电路(发送控制),乙机包括最小应用系统和 LED 显示电路(用于输出显示)。

2.电路设计

根据电路构成方案设计硬件电路原理如图 7-3 所示。

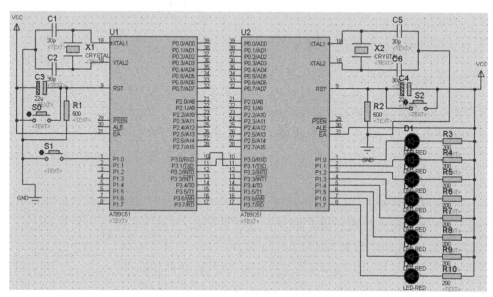

图 7-3　硬件电路原理图

3.元件选择

(1)复习晶振电路元件及复位电路元件的选择。
(2)复习发光二极管电路元件的选择。

## 二、应用程序编写

1.C 语言指针

指针是存放变量地址的变量,分为通用指针和存储器指针。

(1)通用指针定义方法如下:

变量类型　＊变量名称;

(2)存储器指针定义方法如下:

变量类型　存储类型　＊变量名称;例如:
char xdata * dp;//定义外部存储器变量地址的指针 dp。

(3)指针变量的赋值。

＊将一个变量的地址赋予指向相同数据类型的指针,例如:
int a,* ap;
ap= &a;
＊将一个指针的值赋予指向相同变量的另一个指针,例如:
int a,* ap,* bp;
ap= &a; bp= ap;
＊在定义中直接赋值,例如:
int data * zh1= 0x30;//将 0x30 直接赋予指针 zh1。

2.甲机发送程序设计及流程图设计

甲机的发送采用查询方式,发送程序的流程如图 7-4 所示。
根据流程图编写程序如下:

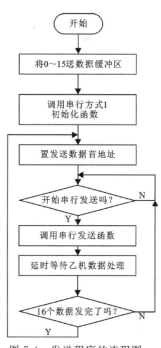

图 7-4　发送程序的流程图

```c
#include<reg51.h>
sbit S1=P1^0;
unsigned char disp_buf[16]={0,1,2,3,4,5,6,
7,8,9,10,11,12,13,14,15};
unsigned char data * sr0;
void send();    //串行口发送函数
void start();   //串行口发送初始化函数
void delay();   //延时函数
/* * * * * * * * 以下是数据发送函数 * * * * * * * * * * * * */
void send()
{
SBUF=*sr0;
while(TI==0);
TI=0;
}
/* * * * * * * * * * * * 以下是初始化函数 * * * * * * * * * * * * */
void start()
{
TMOD=0x21;
TL1=0xf4; TH1=0xf4; TR1=1;
SCON=0x50;
}
/* * * * * * * * * * * * 以下是主函数 * * * * * * * * * * * * * * */
void main()
{
unsigned char i;
start();
while(1)
{
sr0=&disp_buf;
for(i=16;i>0;i--)
{
while(S1==1);
while(S1==0);
send();
delay();
sr0=sr0+1;
}
}
}
```

3. 乙机接收程序设计

乙机接收程序与例 7-1 类似,采用中断方式,参考程序如下:

```c
# include< reg51.h>
unsigned char disp_buf[16];
void start();//定义初始化函数
/* * * * * * * * * * * * * 以下是串行口中断函数* * * * * * * * * * * /
void series() interrupt 4
{
unsigned char i= 0;
RI= 0; ES= 0;
disp_buf[i]= SBUF;
P1= disp_buf[i];
i+ + ;
if(i= = 16)
i= 0;
ES= 1;
}
/* * * * * * * * * * * 以下是主函数* * * * * * * * * * * * * * * * * * * * /
void main()
{
start();
while(1);
}
```

# 任务三　单片机双机通信的计算机仿真

## 一、使用 Proteus 绘制仿真原理图的步骤

参照图 7-5 进行仿真电路绘制。

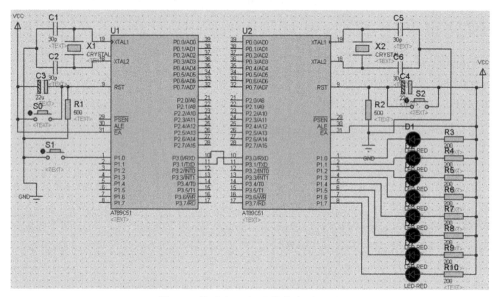

图 7-5　单片机双机通信仿真原理图

(1)将所需元器件加入对象选择器窗口。

AT89S51 用 AT89C51 代替,红色发光二极管的英文符号是"LED-RED";电阻、电容、电解电容、按键、晶振的英文符号分别是"RES""CAP""CAP-ELEC""BUTTON""CRYSTAL"。

(2)放置元器件至图形编辑窗口。

(3)移动、删除对象和调整对象朝向。

(4)放置电源及接地符号。

(5)元器件之间的连线。

(6)编辑对象的属性设置元件参数。

## 二、使用 Keil 进行程序汇编的步骤

### 1.源文件的建立

输入源程序后,保存该文件,注意必须加上扩展名.c。

2. 建立工程文件

点击"Project—New Project…"菜单,出现一个对话框,要求给将要建立的工程起一个名字。

3. 工程的设置

在 Out Put 页面,勾选"Creat HEX File"选项。

4. 编译、连接

在设置好工程后,即可进行编译、连接。点击按钮 ▦ ,对当前工程中的文件进行编译,然后再连接,生成目标代码。

编译过程中的信息将出现在输出窗口中的 Build 页中,如果源程序中有语法错误,会有错误报告出现。

# 任务四　单片机双机通信的制作与调试

## 一、项目三成品运行试验及调试

(1)分发给各小组项目三成品进行运行试验,若有问题则进行调试。
(2)打开项目三程序进行复习。

## 二、分组进行项目七制作

(1)每两个小组结合为对子进行通信连接。一个设为发送,另一个设为接收。
(2)各自编写相应应用程序并进行汇编。
(3)写入各自的单片机芯片应用程序进行运行实验。
(4)对写入程序进行交换,验证运行效果。

## 三、修改程序,完善功能

双机通信实验成功后,再对程序进行修改完善,以期能有更多的通信功能和效果。

# 章节总结卡

**项目小结** | 独立思考 | 项目笔记

【项目小结】

本项目主要学习单片机双机通信的硬件电路设计和软件设计,涉及单片机双机通信的使用和编程方法。

项目小结 | **独立思考** | 项目笔记

【独立思考】

同学们已经完成了 7 个项目的制作,请同学们进行各项目的制作总结,包括元件测试方法、电路构成和制作过程中出现的问题及解决方法。通过 7 个项目的制作,大家在相关单片机基本知识方面都学到了什么?

项目小结　独立思考　**项目笔记**

# 主要参考文献

郭天祥,2013.51单片机C语言教程[M].北京:清华大学出版社.
黄豆豆,2021.单片机C语言编程——基于STM32[M].北京:电子工业出版社.
林锗岩,2023.嵌入式系统与应用[M].北京:人民邮电出版社.
罗展浩,2022.51单片机实验设计与应用[M].北京:人民邮电出版社.
孟宪明,2023.STM32F4单片机开发指南[M].北京:机械工业出版社.
谭浩强,2020.嵌入式系统设计:单片机设计篇[M].北京:人民邮电出版社.
王景川,2022.嵌入式系统开发与单片机原理应用实验教程[M].北京:清华大学出版社.
杨洁,2023.单片机技术及应用[M].北京:机械工业出版社.
杨洛阳,2023.嵌入式系统开发实践[M].北京:电子工业出版社.
雨茹,2023.嵌入式软件开发指南[M].北京:电子工业出版社.